JIDIAN YITIHUA
JINENGXING RENCAI
YONGSHU

机电一体化技能型人才用书

电加工机床编程与加工
一体化教程

周晓宏　主编

中国电力出版社
CHINA ELECTRIC POWER PRESS

内 容 提 要

本书根据电加工机床（包括线切割机床和电火花成型机床）操作工岗位的技术和技能要求，介绍了电加工机床编程与加工的技术和技能。本书按"项目"编写，在"项目"下又分解为若干个"任务"，是一种理论和实操一体化的教材。按照学生的学习规律，从易到难，精选了 18 个"项目"，每一个"项目"下又设计了若干个"任务"，在任务引领下介绍完成该任务（编程、加工工件等）所需的理论知识和实操技能。

本书内容包括学习电加工机床编程与加工基础知识；学会操作 FWU 系列快走丝线切割机床；学会操作电火花成型机床；方形冷冲凸模加工；腰形凹模零件加工；样板冲模加工；对称凹模加工；锥度凹模加工；锥度凸模加工；CAXA 数控线切割自动编程；电极扁夹加工；简单方孔冲模电火花加工；花纹模具电火花加工；注射模镶块电火花加工；电火花加工综合实训；电加工机床的维护及故障处理；线切割机床操作工考核；电火花机床操作工考核。

本书的读者对象为各高等职业技术学院、技校、中等职业学校数控、模具、数控维修、机电一体化专业的学生，以及相关工种的社会培训学员。

图书在版编目（CIP）数据

电加工机床编程与加工一体化教程 / 周晓宏主编. —北京：中国电力出版社，2017.2

机电一体化技能型人才用书

ISBN 978-7-5198-0169-4

Ⅰ. ①电… Ⅱ. ①周… Ⅲ. ①电加工机床–程序设计–教材
Ⅳ. ①TG661

中国版本图书馆 CIP 数据核字（2016）第 314349 号

中国电力出版社出版、发行

（北京市东城区北京站西街 19 号　100005　http://www.cepp.sgcc.com.cn）

航远印刷有限公司印刷

各地新华书店经售

*

2017 年 2 月第一版　　2017 年 2 月北京第一次印刷

787 毫米×1092 毫米　16 开本　13.5 印张　302 千字

印数 0001—2000 册　　定价 35.00 元

敬 告 读 者

本书如有印装质量问题，我社发行部负责退换

◎ 前　言

　　目前，企业中数控机床的使用数量正大幅度增加，因此急需大批数控编程与加工方面的技能型人才。然而，目前国内掌握数控编程与加工的技能型人才较短缺，这使得数控技术应用技能型人才的培养十分迫切。为适应培养数控技术应用技能型人才的需要，我们将在生产一线和教学岗位上多年的心得体会进行总结，并结合学校教学的要求和企业要求，组织编写了本书。

　　本书根据电加工机床（包括线切割机床和电火花成型机床）操作工岗位的技术和技能要求，介绍了电加工机床编程与加工的技术和技能。本书按"项目"编写，在"项目"下又分解为若干个"任务"，是一种理论和实操一体化的教材。按照学生的学习规律，从易到难，精选了 18 个"项目"，每一个"项目"下又设计了若干个"任务"，在任务引领下介绍完成该任务（编程、加工工件等）所需的理论知识和实操技能。

　　本书内容包括学习电加工机床编程与加工基础知识；学会操作 FWU 系列快走丝线切割机床；学会操作电火花成型机床；方形冷冲凸模加工；腰形凹模零件加工；样板冲模加工；对称凹模加工；锥度凹模加工；锥度凸模加工；CAXA 数控线切割自动编程；电极扁夹加工；简单方孔冲模电火花加工；花纹模具电火花加工；注射模镶块电火花加工；电火花加工综合实训；电加工机床的维护及故障处理；线切割机床操作工考核；电火花机床操作工考核。

　　该教材的可操作性很强，读者按照该教材的思路，通过这些项目的学习和训练，可很快掌握电加工机床加工技术和技能。该教材可大大提高学生学习电加工机床加工技术和技能的兴趣和针对性，学习效率高。在编写过程中，突出体现"知识新、技术新、技能新"的编写思想，以所介绍知识和技能"实用、可操作性强"为基本原则，不追求理论知识的系统性和完整性。

　　本书由深圳技师学院周晓宏副教授、高级技师主编。本书可供各高等职业技术学院、技校、中等职业学校数控、模具、数控维修、机电一体化专业的学生，以及相关工种的社会培训学员作教材使用。

　　由于编者水平有限，书中难免存在疏漏之处，恳请读者批评指正。

编　者

前言

● 项目一　学习电加工机床编程与加工基础知识 ·································· 1

　　任务一　认识电火花加工原理 ··· 1

　　任务二　认识线切割机床 ··· 4

　　任务三　认识电火花成型机床 ··· 8

　　任务四　认识电火花加工的工艺参数和工艺指标 ································· 9

　　任务五　掌握电火花线切割加工的工艺规律 ····································· 12

　　任务六　掌握电火花成型加工的工艺规律 ······································· 19

● 项目二　学会操作 FWU 系列快走丝线切割机床 ································ 30

　　任务一　学会使用 FWU 系列快走丝线切割机床的手控盒 ··················· 30

　　任务二　熟悉 FWU 系列快走丝线切割机床用户界面 ······················· 31

　　任务三　加工准备 ··· 33

　　任务四　文件准备 ··· 38

　　任务五　放电加工 ··· 45

　　任务六　机床配置 ··· 50

　　任务七　机床的启停 ··· 54

　　任务八　掌握线切割机床操作技巧 ··· 54

　　任务九　学会使用线切割工作液 ··· 58

● 项目三　学会操作电火花成型机床 ·· 59

　　任务一　学会操作 SE 系列电火花成型机床 ······························· 59

　　任务二　学习电火花成型机床的操作技巧与操作规程 ······················· 68

● 项目四　方形冷冲凸模加工 ·· 74

　　任务一　学习直线 3B 代码编程 ··· 74

　　任务二　方形冷冲凸模加工技能训练 ··· 78

　　任务三　完成本项目的实训任务 ··· 80

● 项目五　腰形凹模零件加工 ·· 81

　　任务一　学习圆弧 3B 代码编程 ··· 81

　　任务二　腰形凹模零件加工技能训练 ··· 83

　　任务三　凸模零件加工实训 ··· 84

● **项目六　样板冲模加工** ·· 86
　　任务一　学习 ISO 代码编程方法 ···································· 87
　　任务二　样板冲模零件加工技能训练 ····························· 91
　　任务三　ISO 代码编程训练 ·· 92
● **项目七　对称凹模加工** ·· 94
　　任务一　学习镜像及交换指令 ······································ 94
　　任务二　对称凹模加工技能训练 ··································· 95
　　任务三　对称零件线切割加工实训 ································ 97
● **项目八　锥度凹模加工** ·· 99
　　任务一　学习锥度加工指令 ·· 100
　　任务二　加工带锥度半圆形凹模 ·································· 103
　　任务三　加工带锥度梅花形凹模 ·································· 104
　　任务四　长圆锥孔加工实训 ·· 106
　　任务五　知识拓展：提高线切割机床加工尺寸精度的途径 ··· 107
● **项目九　锥度凸模加工** ·· 109
　　任务一　锥度凸模工艺分析与编程 ······························· 109
　　任务二　锥度凸模线切割加工 ····································· 110
● **项目十　CAXA 数控线切割自动编程** ·································· 112
　　任务一　应用 CAXA 线切割 XP 系统绘图 ······················ 112
　　任务二　学习数控线切割自动编程基础 ························· 122
　　任务三　轨迹生成 ··· 123
　　任务四　代码生成 ··· 126
　　任务五　机床设置与后置设置 ····································· 129
　　任务六　学习数控线切割自动编程实例 ························· 134
● **项目十一　电极扁夹加工** ·· 141
　　任务一　工艺分析和图形绘制 ····································· 141
　　任务二　电极扁夹线切割加工 ····································· 142
● **项目十二　简单方孔冲模电火花加工** ··································· 143
　　任务一　学习基础知识 ·· 143
　　任务二　简单方孔冲模加工技能训练 ····························· 149
　　任务三　冲模加工实训 ·· 150
● **项目十三　花纹模具电火花加工** ·· 152
　　任务一　学习电火花成型加工工艺方法 ·························· 152
　　任务二　花纹模具电火花加工技能训练 ·························· 160
　　任务三　技能拓展：多工具电极更换加工 ······················ 162
● **项目十四　注射模镶块电火花加工** ····································· 164
　　任务一　学习电规准和电极设计知识 ····························· 164

　　　任务二　项目实施 ··· 170
　　　任务三　电极设计和模具加工实训 ··· 172
● 项目十五　电火花加工综合实训 ··· 174
　　　任务一　内六角套筒加工 ·· 174
　　　任务二　多模孔模仁加工 ·· 175
　　　任务三　工件套料电火花加工 ··· 177
● 项目十六　电加工机床的维护及故障处理 ··································· 179
　　　任务一　线切割机床的维护及常见故障处理 ·························· 179
　　　任务二　电火花成型机床的维护及常见故障处理 ··················· 182
● 项目十七　线切割机床操作工考核 ··· 186
　　　任务一　线切割机床操作工实操考核一（中级）···················· 186
　　　任务二　线切割机床操作工实操考核二（中级）···················· 187
　　　任务三　线切割机床操作工实操考核三（高级）···················· 187
　　　任务四　线切割机床操作工实操考核四（高级）···················· 189
　　　任务五　线切割机床操作工实操考核五（高级）···················· 191
● 项目十八　电火花机床操作工考核 ··· 196
　　　任务一　电火花机床操作工实操考核一（中级）···················· 196
　　　任务二　电火花机床操作工实操考核二（中级）···················· 197
　　　任务三　电火花机床操作工实操考核三（高级）···················· 198
　　　任务四　电火花机床操作工实操考核四（高级）···················· 199
　　　任务五　电火花机床操作工实操考核五（高级）···················· 203

● 参考文献 ··· 208

项 目 一

学习电加工机床编程与加工基础知识

任务一 认识电火花加工原理

一、电火花加工的概念

电火花加工一般是指直接利用放电对金属材料进行的加工，由于加工过程中可看见火花，因此被称为电火花加工。电火花加工主要有电火花线切割、电火花成型加工等。

1. 电火花线切割加工的概念

电火花线切割加工（Wire Cut EDM）是在电火花加工的基础上发展起来的一种新兴加工工艺，采用细金属丝（钼丝或黄铜丝）作为工具电极，使用电火花线切割机床，根据数控编程指令进行切割，加工出满足技术要求的工件。

2. 电火花成型加工的概念

电火花成型加工（Electrical Discharge Machining，EDM），也称为放电加工、电蚀加工或电脉冲加工，是一种靠工具电极（简称工具或电极）和工件电极（简称工件）之间的脉冲性火花放电来蚀除多余的金属，直接利用电能和热能进行加工的工艺方法。

电火花线切割加工（简称线切割加工）和电火花成型加工（简称电火花加工）是企业常用的加工方法。线切割加工主要用于冲模、挤压模、小孔、形状复杂的窄缝及各种形状复杂零件的加工，如图 1-1 所示。电火花加工主要用于形状复杂的型腔、凸模、凹模等的加工，如图 1-2 所示。

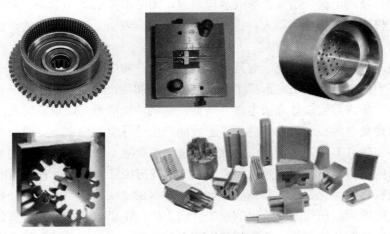

图 1-1 线切割加工产品

图1-2　电火花成型加工产品

二、电火花加工的原理

电火花加工是在工件和工具电极之间的极小间隙上施加脉冲电压，使这个区域的介质电离，引发火花放电，从而将该局部区域的金属工件熔融蚀除掉，反复不断地推进这个过程，逐步地按要求去除多余的金属材料从而达到加工尺寸的目的，如图1-3所示。

电火花加工的过程大致分为以下几个阶段，如图1-4所示。

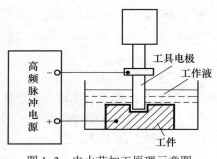

图1-3　电火花加工原理示意图

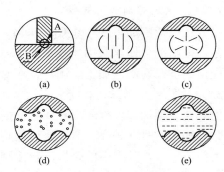

图1-4　电火花加工的过程
（a）极间介质的电离、击穿；（b）电极材料的熔化热膨胀；
（c）电极材料的汽化热膨胀；（d）电极材料的抛出；
（e）极间介质的消电离

（1）极间介质的电离、击穿，形成放电通道，如图1-4（a）所示。工具电极与工件电极缓缓靠近，极间的电场强度增大，由于两电极的微观表面是凹凸不平的，因此在两极间距离最近的A、B处电场强度最大。

工具电极与工件电极之间充满着液体介质，液体介质中不可避免地含有杂质及自由电子，它们在强大的电场作用下，形成了带负电的粒子和带正电的粒子，电场强度越大，带电粒子就越多，最终导致液体介质电离、击穿，形成放电通道。放电通道是由大量高速运动的带正电和带负电的粒子以及中性粒子组成的。由于通道截面很小，通道内因高温热膨胀形成的压力高达几万帕，高温高压的放电通道急速扩展，产生一个强烈的冲击波向四周传播。在放电的同时还伴随着光效应和声效应，这就形成了肉眼所能看到的电火花。

（2）电极材料的熔化、汽化热膨胀，如图1-4（b）、（c）所示。液体介质被电离、击穿，形成放电通道后，通道间带负电的粒子奔向正极，带正电的粒子奔向负极，粒子间相互撞击，产生大量的热能，使通道瞬间达到很高的温度。通道高温首先使工作液汽化，然后高温向四周扩散,使两电极表面的金属材料开始熔化直至沸腾汽化。汽化后的工作液和金属蒸气瞬间体积猛增,形成了爆炸的特性。所以在观察电火花加工时,可以看到工件与工具电极间有冒烟现象,并听到轻微的爆炸声。

　　(3)电极材料的抛出,如图1-4(d)所示。正负电极间产生的电火花现象,使放电通道产生高温高压。通道中心的压力最高,工作液和金属汽化后不断向外膨胀,形成内外瞬间压力差,高压处的熔融金属液体和蒸气被排挤,抛出放电通道,大部分被抛入到工作液中。仔细观察电火花加工,可以看到橘红色的火花四溅,这就是被抛出的高温金属熔滴和碎屑。

　　(4)极间介质的消电离,如图1-4(e)所示。加工液流入放电间隙,将电蚀产物及残余的热量带走,并恢复绝缘状态。若电火花放电过程中产生的电蚀产物来不及排除和扩散,产生的热量将不能及时传出,使该处介质局部过热,局部过热的工作液高温分解、积炭,使加工无法继续进行,并烧坏电极。因此,为了保证电火花加工过程的正常进行,在两次放电之间必须有足够的时间间隔让电蚀产物充分排出,恢复放电通道的绝缘性,使工作液介质消电离。

　　上述步骤(1)~(4)在1s内约数千次甚至数万次地往复式进行,即单个脉冲放电结束,经过一段时间间隔(即脉冲间隔)使工作液恢复绝缘后,第二个脉冲又作用到工具电极和工件上,又会在当时极间距离相对最近或绝缘强度最弱处击穿放电,蚀出另一个小凹坑。这样以相当高的频率连续不断地放电,工件不断地被蚀除,故工件加工表面将由无数个相互重叠的小凹坑组成。所以电火花加工是大量的微小放电痕迹逐渐累积而成的去除金属的加工方式。

二、电火花加工的优点

　　1. 适合于难切削材料的加工

　　由于加工中材料的去除是靠放电时的电热作用实现的,材料的可加工性主要取决于材料的导电性及其热学特性,如熔点、沸点(汽化点)、比热容、热导率、电阻率等,而几乎与其力学性能(硬度、强度等)无关,这样可以突破传统切削加工对刀具的限制,可以实现用软的工具加工硬韧的工件,甚至可以加工像聚晶金刚石、立方氮化硼一类的超硬材料。目前电极材料多采用紫铜或石墨,因此工具电极较容易加工。

　　2. 可以加工特殊及复杂形状的零件

　　由于加工中工具电极和工件不直接接触,没有机械加工的切削力,因此适宜加工低刚度工件及微细加工。由于可以简单地将工具电极的形状复制到工件上,因此特别适用于复杂表面形状工件的加工,如复杂型腔模具加工等,数控技术的采用使得用简单的电极加工复杂形状零件也成为可能。

　　3. 易于实现加工过程自动化

　　这是由于是直接利用电能加工,而电能、电参数较机械量易于数字控制、适应控制、智能化控制和无人化操作等。

4. 可以改进结构设计，改善结构的工艺性

例如，可以将拼镶结构的硬质合金冲模改为用电火花加工的整体结构，减少了加工工时和装配工时，延长了使用寿命。又如喷气发动机中的叶轮，采用电火花加工后可以将拼镶、焊接结构改为整体叶轮，既大大提高了工作可靠性，又大大减小了体积和质量。

三、电火花加工的缺点

电火花加工也有其局限性，具体表现在以下几个方面。

（1）只能用于加工金属等导电材料，不像切削加工那样可以加工塑料、陶瓷等绝缘的非导电材料。但近年来研究表明，在一定条件下也可加工半导体和聚晶金刚石等非导体超硬材料。

（2）加工速度一般较慢，因此通常安排工艺时多采用切削来去除大部分余量，然后再进行电火花加工，以求提高生产率，但最近的研究成果表明，采用特殊水基不燃性工作液进行电火花加工，其粗加工生产率甚至高于切削加工。

（3）存在电极损耗。由于电火花加工靠电、热来蚀除金属，电极也会遭受损耗，而且电极损耗多集中在尖角或底面，影响成型精度。但最近的机床产品在粗加工时已能将电极相对损耗比降至 0.1% 以下，在中、精加工时能将损耗比降至 1%，甚至更小。

（4）最小角部半径有限制。一般电火花加工能得到的最小角部半径等于加工间隙（通常为 0.02～0.3mm），若电极有损耗或采用平动头加工，则角部半径还要增大。但近年来的多轴数控电火花加工机床采用 X、Y、Z 轴数控摇动加工，可以清棱清角地加工出方孔、窄槽的侧壁和底面。

任务二　认识线切割机床

一、线切割机床的组成

如图 1-5 所示是电火花线切割机床结构图，电火花线切割机床主要由 7 部分组成：床身、坐标工作台、走丝机结构（含储丝筒、丝架等）、控制柜、工作液循环过滤系统和夹具。

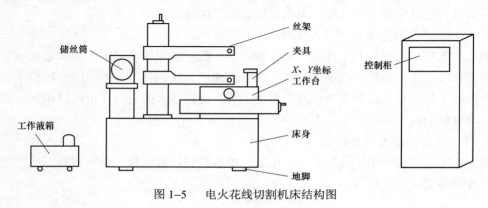

图 1-5　电火花线切割机床结构图

1. 床身

床身是机床的基础部件，X、Y坐标工作台、储丝筒、线架都安装在床身上。在床身下装有水平调整机构，即地脚。床身上装有便于搬运的吊装孔或吊装环。床身一般是采用优质铸铁材料，强度较高，刚性较好，变形小，能长期保持机床精度。

2. 工作台

电火花线切割机床最终都是通过工作台与电极丝相对运动来完成对零件加工的。为保证机床精度，对导轨精度、刚度和耐磨性有较高要求，一般都采用十字滑板、滚动导轨和丝杠传动副将电动机的旋转运动变为工作台的直线运动，通过两个坐标方向各自进给移动，可合成获得各种平面图形曲线轨迹。为保证工作台定位精度和灵敏度，传动丝杠和螺母之间必须消除间隙。

3. 走丝机构

走丝机构的功能是带动电极丝按一定的线速度往复运丝，并将电极丝整齐地排绕在储丝筒上，快速运丝在放电加工区，有利于排屑，吸附工作液进入放电区，克服集中放电，减小电极丝的损耗和烧断。

（1）储丝结构。如图1-6所示是储丝结构示意图。储丝结构由电动机、联轴器、储丝筒、支承座、齿轮副（或带轮）、丝杠副、拖板、导轨、底座等部件组成。

（2）线架结构。线架与储丝机构组成了电极丝的走丝系统。线架的主要功能是电极丝运动时对电极丝起支撑、导向、定位作用，并使电极丝工作部分与工作台保持垂直。

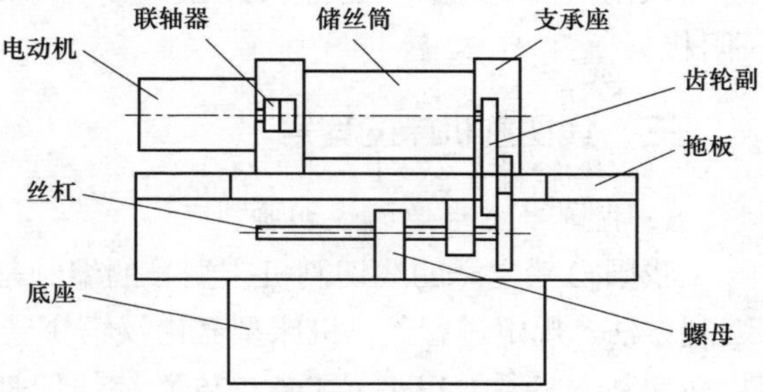

图1-6 储丝结构示意

二、线切割机床的工作原理

电火花线切割加工是利用工具电极对工件进行脉冲放电时产生的电腐蚀现象来进行加工的。其工作原理如图1-7所示。

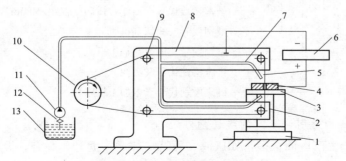

图1-7 线切割机床的工作原理示意图

1—工作台；2—下喷嘴；3—夹具；4—工件；5—电极丝；6—脉冲电源；7—上喷嘴；8—丝架；9—导轮；
10—导丝轮；11—泵；12—过滤网；13—工作液箱

脉冲电源的正极接工件，负极接电极丝。当脉冲电源发出一个电脉冲时，由于电极丝与工件之间的距离很小，电压击穿这一距离（通常称为放电间隙，一般在 0.01mm 左右）就产生一次电火花放电。在火花放电通道中心，瞬时温度可达上万摄氏度，使工件材料熔化甚至汽化。同时，喷到放电间隙中的工作液在高温作用下也急剧汽化膨胀，如同发生爆炸一样，冲击波将熔化和汽化的金属从放电部位抛出。脉冲电源不断地发出电脉冲，能将工件材料不断地去除。控制电极丝和工件的相对运动轨迹和速度，使它们之间发生脉冲放电，就能达到尺寸加工的目的。若使电极丝相对于工件进行有规律的倾斜运动，还可以切割出带锥度的工件。

为避免在同一部位发生连续放电而导致电弧产生。除使电极丝运动变换放电部位外，就是要向放电间隙注入充足的工作液，使电极丝得到充分冷却，由于快速移动的电极丝能将工作液不断带入、带出放电区域，既能将放电部位不断变换，又能将放电产生的热量及电蚀产物带走，从而使线切割加工稳定性和加工速度得到大幅度提高。

为获得较高的加工表面质量和尺寸精度，应选择适当的脉冲参数，以确保脉冲电源发出的电脉冲在电极丝和工件间产生一个个间断的火花放电，而不是连续的电弧放电。必须保证前后两个电脉冲之间有足够的间隙时间（通常称脉间），使放电间隙中的介质充分消除电离状态，恢复放电通道的绝缘性。由于线切割火花放电时阳极的蚀除量在大多数情况下远远大于阴极的蚀除量，所以线切割加工中，工件一律接脉冲电源的正极（阳极）。

三、线切割机床的型号

1. 我国自主生产的线切割机床

我国自主生产的线切割机床型号的编制是根据 GB/T 15375—1994《金属切削机床型号编制方法》规定进行的，机床型号由汉语拼音字母和阿拉伯数字组成，它表示机床的类别、特性和基本参数。以型号 DK7725 数控线切割机为例，其含义如下：

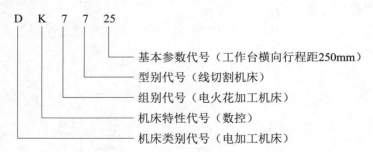

2. 我国台湾或内地引进生产的线切割机床

我国台湾机床生产厂商很多，如庆鸿、亚特、徕通、健升、乔懋、美溪、秀丰、健晟等数十家。其机床的编号没有统一，按照自己公司标准制定，一般也是以系列代码加机床基本参数代号来编制。

内地引进的线切割机床主要有苏州电加工研究所中特公司、苏州三光科技公司、汉川机床公司，其机床编号符合我国机床编号标准。

3．国外生产的线切割机床

国外生产线切割机床厂商主要有瑞士和日本两国，主要的公司有：瑞士阿奇夏米尔公司、日本三菱电机公司、日本沙迪克公司、日本 FANUC 公司、日本牧野公司、日本二洋公司。

国外机床的编号一般也是以系列代码加基本参数代号来编制，如日本沙迪克公司的 A 系列/AQ 系列/AP 系列，三菱电机公司的 FA 系列等。

四、线切割机床分类

1．按走丝速度分类

根据电极丝的运行速度不同，电火花线切割机床通常分为两类。

（1）一类是高速走丝电火花线切割机床（WEDM–HS），电极丝作快速往复运动，一般走丝速度为 8～10m/s，电极丝可重复使用，加工速度较慢，快速走丝容易造成电极 R 抖动和反向时停顿，致使加工质量下降，它是我国生产和使用的主要机床品种，也是我国独创的电火花线切割加工模式。

（2）另一类是低速走丝电火花线切割机床（WEDM–LS），其电极丝作慢速单向运动，一般走丝速度低于 0.2m/s，电极丝放电后不再使用，工作平稳、均匀、抖动小、加工质量较好，且加工速度较快，是国外生产和使用的主要机床品种。

2．按其他方式分类

（1）按机床工作台尺寸与行程。也就是按照加工工件最大尺寸大小，可分为大型、中型、小型线切割机床。

（2）按加工精度。按加工精度高低，可分为普通精度型、高精度精密型两大类线切割机床。绝大多数低速走丝线切割机床属于高精度精密型机床。

（3）按机床控制形式分类。按控制形式不同，电火花线切割机床可分为三种。

1）靠模仿形控制，在进行线切割加工前，预先制造出与工件形状相同的靠模，加工时把工件毛坯和靠模同时装夹在机床工作台上，在切割过程中电极丝紧紧地贴着靠模边缘作轨迹移动，从而切割出与靠模形状和精度相同的工件来。

2）光电跟踪控制，在进行线切割加工前，先根据零件图样按一定放大比例描绘出一张光电跟踪图，加工时将图样置于机床的光电跟踪台上，跟踪台上的光电头始终追随墨线图形的轨迹运动，再借助电气、机械的联动，控制机床工作台连同工件相对电极丝作相似形的运动，从而切割出与图样形状相同的工件来。

3）数字程序控制，采用先进的数字化自动控制技术，驱动机床按照加工前根据工件几何形状参数预先编制好的数控加工程序自动完成加工，不需要制作靠模样板，也无须绘制放大图，比前面两种控制形式具有更高的加工精度和更广阔的应用范围。

目前国内外 98% 以上的电火花线切割机床都已采用数控化，前两种机床已经停产。

任务三　认识电火花成型机床

一、电火花成型机床的组成

如图 1-8 所示，电火花成型机床主要由机床主体、脉冲电源、自动进给调节系统、工作液装置组成。

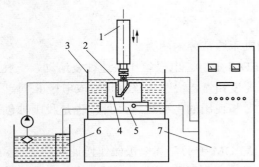

图 1-8　电火花成型机床的组成及工作原理
1—主轴头；2—工具电极；3—工作液槽；4—工件电极；
5—床身工作台；6—工作液装置；7—脉冲电源

1. 机床主体

床身、立柱、主轴头及附件、工作台等组成了电火花机床的骨架，它是用来实现工件和工具电极的装夹和机械系统的运动。

2. 脉冲电源

其作用与电火花线切割机床类似。脉冲电源的性能直接关系到加工的速度、表面质量、加工精度、工具电极损耗等工艺指标。

3. 自动进给调节系统

电火花成型加工的自动进给调节系统主要包含伺服进给系统和参数控制系统。伺服进给系统主要用于控制放电间隙的大小，参数控制系统主要用于控制加工中的各种参数，以保证获得最佳的加工工艺指标。

4. 工作液装置

其作用与电火花线切割机床类似，但电火花成型机床可采用冲油或浸油加工方式。

二、电火花成型机床的工作原理

电火花成型加工基于电火花加工原理，在加工过程中，工具电极与工件电极不接触。如图 1-8 所示。当工具电极与工件电极在绝缘介质中相互接近，达到某一小距离时，脉冲电源施加电压把两电极间距离最小的介质击穿，形成脉冲放电，产生局部、瞬时高温，将工件电极金属材料蚀除。

三、电火花成型机床的型号

20 世纪 80 年代开始大量采用晶体管脉冲电源，电火花加工机床既可用作穿孔加工，又可用作成型加工，因此 1985 年起国家把电火花穿孔成型加工机床称为电火花穿孔、成型加工机床或统称为电火花成型加工机床，并定名为 D71 系列，其型号表示方法如下：

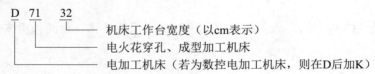

四、电火花成型机床的分类

电火花穿孔、成型加工机床按其大小可分为小型（D7125以下）、中型（D7125～D7163）和大型（D7163以上）；也可按数控程度分为非数控、单轴数控或三轴数控型；也可按精度等级分为标准精度型和高精度型；也可按工具电极的伺服进给系统的类型分为液压进给、步进电动机进给、直流或交流伺服电动机进给驱动等类型。随着模具工业的需求变化，国外已经大批生产微机三坐标数字控制的电火花加工机床，以及带工具电极库的能按程序自动更换电极的电火花加工中心。我国汉川机床厂和少数中外合资厂以及少数专业电加工研究所也已研制、生产出三坐标微机数控电火花加工机床。

目前，国产电火花机床的型号命名往往加上本厂厂名拼音代号及其他代号，如汉川机床厂加HC、北京凝华实业公司加NH等，中外合资及外资厂的型号更不统一，采用其自定的型号系列表示方法。例如日本沙迪克公司生产的A3R，A10R，AS35/NF40，AQ35L/LNl；日本三菱电机公司的 EX8.22、30，EA8.12，VX10.20；瑞士阿奇夏米尔公司的ROBOFORM20、30、35、505、515、725、935等。

任务四　认识电火花加工的工艺参数和工艺指标

一、电火花加工的电参数

电火花加工中，脉冲电源的波形与参数对材料的电腐蚀过程影响极大，它们决定着放电痕（表面粗糙度）、蚀除率、切缝宽度的大小和钼丝的损耗率，进而影响加工的工艺指标。

实践证明，在其他工艺条件大体相同的情况下，脉冲电源的波形及参数对工艺效果影响是相当大的。目前广泛应用的脉冲电源波形是矩形波，矩形波脉冲电源的波形如图 1-9 所示，它是晶体管脉冲电源中使用最普遍的一种波形，也是电火花加工中行之有效的波形之一。

下面将介绍电火花加工的电参数。

1. 放电间隙

放电间隙是放电时工具电极和工件间的距离，它的大小一般为0.01～0.5mm，粗加工时放电间隙较大，精加工时则较小。

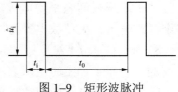

图 1-9　矩形波脉冲

2. 脉冲宽度 t_i（μs）

脉冲宽度简称脉宽（也常用 ON、T_{ON} 等符号表示），是加到电极和工件上放电间隙两端的电压脉冲的持续时间，如图1-10所示。为了防止电弧烧伤，电火花加工只能用断断续续的脉冲电压波。一般来说，粗加工时可用较大的脉宽，精加工时只能用较小的脉宽。

3. 脉冲间隔 t_o（μs）

脉冲间隔简称脉间或间隔（也常用 OFF、T_{OFF} 表示），它是两个电压脉冲之间的间隔时间（见图1-10）。间隔时间过短，放电间隙来不及消电离和恢复绝缘，容易产生电弧放电，烧伤电极和工件；脉间选得过长，将降低加工生产率。加工面积、加工深度较大时，脉间也应稍大。

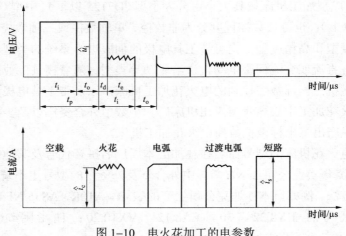

图 1-10　电火花加工的电参数

4. 脉冲周期 t_p（μs）

一个电压脉冲开始到下一个电压脉冲开始之间的时间间隔称为脉冲周期，显然 $t_p=t_i+t_o$（见图 1-10）。

5. 脉冲频率 f_p（Hz）

脉冲频率是指单位时间内电源发出的脉冲个数。显然，它与脉冲周期 t_p 互为倒数。

6. 开路电压或峰值电压（V）

开路电压是间隙开路和间隙击穿之前 t_d 时间内电极间的最高电压（见图 1-10）。一般晶体管方波脉冲电源的峰值电压为 60～80V，高低压复合脉冲电源的高压峰值电压为 175～300V。峰值电压高时，放电间隙大，生产率高，但成型复制精度较差。

7. 加工电压或间隙平均电压 U（V）

加工电压或间隙平均电压是指加工时电压表上指示的放电间隙两端的平均电压，它是多个开路电压、火花放电维持电压、短路和脉冲间隔等电压的平均值。

8. 加工电流 I（A）

加工电流是加工时电流表上指示的流过放电间隙的平均电流。精加工时小，粗加工时大，间隙偏开路时小，间隙合理或偏短路时则大。

9. 短路电流 I_s（A）

短路电流是放电间隙短路时电流表上指示的平均电流。它比正常加工时的平均电流要大 20%～40%。

10. 峰值电流 $\hat{i}_e$（A）

峰值电流是间隙火花放电时脉冲电流的最大值（瞬时），如图 1-10 所示。虽然峰值电流不易测量，但它是影响加工速度、表面质量等的重要参数。在设计制造脉冲电源时，每一功率放大管的峰值电流是预先计算好的，选择峰值电流实际是选择几个功率管进行加工。

11. 短路峰值电流 $\hat{i}_s$（A）

短路峰值电流是间隙短路时脉冲电流的最大值（见图 1–10），它比峰值电流要大 20%～40%。

12. 击穿延时 t_d（μs）

从间隙两端加上脉冲电压后，一般均要经过一小段延续时间 t_d，工作液介质才能被击穿放电，这一小段时间 t_d 称为击穿延时（见图 1–10）。击穿延时 t_d 与平均放电间隙的大小有关，工具欠进给时，平均放电间隙变大，平均击穿延时 t_d 就大；反之，工具过进给时，放电间隙变小，t_d 也就小。

13. 放电时间（电流脉宽）t_e（μs）

放电时间是工作液介质击穿后放电间隙中流过放电电流的时间，即电流脉宽，它比电压脉宽稍小，二者相差一个击穿延时 t_d。t_i 和 t_e 对电火花加工的生产率、表面粗糙度和电极损耗有很大影响，但实际起作用的是电流脉宽 t_e。

二、电火花线切割加工的主要工艺指标

1. 切割速度 v_{wi}

切割速度是指在保证一定的表面粗糙度的切割过程中，单位时间内电极丝中心线在工件上切过的面积的总和，单位为 mm²/min。最高切割速度 $(v_{wi})_{max}$ 是指在不计切割方向和表面粗糙度等条件下，所能达到的最大切割速度。通常快走丝线切割加工的切割速度为 40～80mm²/min，它与加工电流大小有关，为了在不同脉冲电源、不同加工电流下比较切割效果，将每安电流的切割速度称为切割效率，一般切割效率为 20mm²/（min·A）。

2. 表面粗糙度

在我国和欧洲，表面粗糙度常用轮廓算术平均偏差 Ra（μm）来表示，高速走丝线切割的表面粗糙度 Ra 一般为 1.25～2.5μm，低速走丝线切割的表面粗糙度 Ra 可达 1.25μm。

3. 加工精度

加工精度是指所加工工件的尺寸精度、形状精度（如直线度、平面度、圆度等）和位置精度（如平行度、垂直度、倾斜度等）的总称。高速走丝线切割的可控加工精度为 0.01～0.02mm，低速走丝线切割的可控加工精度为 0.002～0.005mm。

4. 电极丝损耗量

对快走丝机床，电极丝损耗量用电极丝在切割 10 000mm² 面积后电极丝直径的减少量来表示，一般减小量不应大于 0.01mm。对低速走丝线切割机床，由于电极丝是一次性的，故电极丝损耗量可忽略不计。

三、电火花成型加工的工艺指标

电火花成型加工的工艺指标主要有加工精度、表面粗糙度、加工速度、电极损耗等。

1. 加工精度

电加工精度包括尺寸精度和仿型精度（或形状精度）。

2. 表面粗糙度

表面粗糙度是指加工表面上的微观几何形状误差。电火花加工表面粗糙度的形成与切削加工不同，它是由若干电蚀小凹坑组成的，能存润滑油，其耐磨性比同样粗糙度的机加工表面要好。在相同表面粗糙度的情况下，电加工表面比机加工表面亮度低。

3. 加工速度

电火花成型加工的加工速度，是指在一定电规准下，单位时间内工件被蚀除的体积 V 或质量 m。一般常用体积加工速度 $v_w=V/t$（单位为 mm^3/min）来表示，有时为了测量方便，也用质量加工速度 $v_m=m/t$（单位为 g/min）表示。

在规定的表面粗糙度和规定的相对电极损耗下的最大加工速度是电火花机床的重要工艺性能指标。一般电火花机床说明书上所指的最高加工速度是该机床在最佳状态下所达到的，在实际生产中的正常加工速度大大低于机床的最大加工速度。

4. 电极损耗

电极损耗是电火花成型加工中的重要工艺指标。在生产中，衡量某种工具电极是否耐损耗，不只是看工具电极损耗速度 v_E 的绝对值大小，还要看同时达到的加工速度 v_w，即每蚀除单位质量金属工件时，工具相对损耗多少。因此，常用相对损耗或损耗比作为衡量工具电极耐损耗的指标。

电火花加工中，电极的相对损耗小于 1%，称为低损耗电火花加工。低损耗电火花加工能最大限度地保持加工精度，所需电极的数目也可减至最小，因而简化了电极的制造，加工工件的表面粗糙度 Ra 可达 $3.2\mu m$ 以下。除了充分利用电火花加工的极性效应、覆盖效应及选择合适的工具电极材料外，还可从改善工作液方面着手，实现电火花的低损耗加工。若采用加入各种添加剂的水基工作液，还可实现对紫铜或铸铁进行电极相对损耗小于 1% 的低损耗电火花加工。

任务五 掌握电火花线切割加工的工艺规律

一、电参数对电火花线切割加工工艺指标的影响

1. 脉冲宽度对工艺指标的影响

如图 1-11 所示是在一定工艺条件下，脉冲宽度 t_i 对切割速度 v_{wi} 和表面粗糙度 Ra 影响的曲线。由图可知，增加脉冲宽度，使切割速度提高，但表面粗糙度变差。这是因为脉冲宽度增加，使单个脉冲放电能量增大，则放电痕也大。同时，随着脉冲宽度的增加，电极丝损耗变大。

通常，电火花线切割加工用于精加工和中加工时，单个脉冲放电能量应限制在一定范围内。当短路峰值电流选定后，脉冲宽度要根据具体的加工要求来选定，精加工时，脉冲宽度可在 $20\mu s$ 内选择，中加工时，可在 $20\sim60\mu s$ 选择。

2. 脉冲间隔对工艺指标的影响

如图 1-12 所示是在一定的工艺条件下，脉冲间隔 t_o 对切割速度 v_{wi} 和表面粗糙度 Ra

的影响曲线。

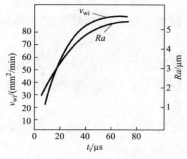

图 1-11　t_i 对 v_{wi} 和 Ra 的影响曲线

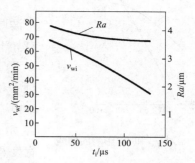

图 1-12　t_o 对 v_{wi} 和 Ra 的影响曲线

由图可知，减小脉冲间隔，切割速度提高，表面粗糙度 Ra 稍有增大，这表明脉冲间隔对切割速度影响较大，对表面粗糙度影响较小。因为在单个脉冲放电能量确定的情况下，脉冲间隔较小，致使脉冲频率提高，即单位时间内放电加工的次数增多，平均加工电流增大，故切割速度提高。

实际上，脉冲间隔不能太小，它受间隙绝缘状态恢复速度限制。如果脉冲间隔太小，放电产物来不及排除，放电间隙来不及充分消电离，这将使加工变得不稳定，易造成烧伤工件或断丝。但是脉冲间隔也不能太大，因为这会使切割速度明显降低，严重时不能连续进给，使加工变得不够稳定。

一般脉冲间隔在 $10 \sim 250 \mu s$，基本上能适应各种加工条件，可进行稳定加工。

选择脉冲间隔和脉冲宽度与工件厚度有很大关系。一般来说工件厚，脉冲间隔也要大，以保持加工的稳定性。

3. 短路峰值电流对工艺指标的影响

如图 1-13 所示是在一定的工艺条件下，短路峰值电流 $\hat{i_s}$ 对切割速度 v_{wi} 和表面粗糙度 Ra 影响的曲线。由图可知，当其他工艺条件不变时，增加短路峰值电流，切割速度提高，表面粗糙度变差。这是因为短路峰值电流大，表明相应的加工电流峰值就大，单个脉冲能量也大，所以放电痕大，故切割速度高，表面粗糙度差。

增大短路峰值电流，不但使工件放电痕变大，而且使电极丝损耗变大，这两者均使加工精度稍有降低。

4. 开路电压对工艺指标的影响

如图 1-14 所示是在一定的工艺条件下，开路电压 u_i 对加工速度 v_{wi} 和表面粗糙度 Ra 影响的曲线。

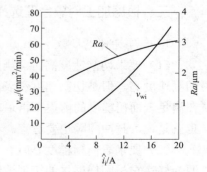

图 1-13　对 v_{wi} 和 Ra 的影响曲线

由图 1-14 可知，随着开路电压峰值提高，加工电流增大，切割速度提高，表面变粗糙。因电压高使加工间隙变大，所以加工精度略有降低。但间隙大，有利于放电产物的排除和消电离，所以提高了加工稳定性和脉冲利用率。

采用乳化液介质和高速走丝方式，开路电压峰值一般都在 $60 \sim 150V$，个别的用到 300V

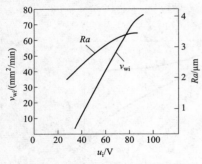

图 1-14　u_i 对 v_{wi} 和 Ra 影响的曲线

左右。

综上所述，在工艺条件大体相同的情况下，利用矩形波脉冲电源进行加工时，电参数对工艺指标的影响下有如下规律。

（1）切割速度随着加工电流峰值、脉冲宽度、脉冲频率和开路电压的增大而提高，即切割速度随着加工平均电流的增加而提高。

（2）加工表面粗糙度 Ra 值随着加工电流峰值、脉冲宽度及开路电压的减小而减小。

（3）加工间隙随着开路电压的提高而增大。

（4）在电流峰值一定的情况下，开路电压的增大，有利于提高加工稳定性和脉冲利用率。

（5）表面粗糙度的改善，有利于提高加工精度。

实践表明，改变矩形波脉冲电源的一项或几项电参数，对工艺指标的影响很大，须根据具体的加工对象和要求，全面考虑诸因素及其相互影响关系。选取合适的电参数，既要满足主要加工要求，又要注意提高各项加工指标。例如，加工精小模具或零件时，选择电参数要满足尺寸精度高、表面粗糙度好的要求，选取较小的加工电流的峰值和较窄的脉冲宽度，这必然带来加工速度的降低。又如，加工中、大型模具和零件时，对尺寸精度和表面粗糙度要求低一些，故可选用加工电流峰值大、脉冲宽度宽些的电参数值，尽量获得较高的切割速度。此外，不管加工对象和要求如何，还须选择适当的脉冲间隔，以保证加工稳定进行，提高脉冲利用率。因此选择电参数值相当重要，只要能客观地运用它们的最佳组合，就一定能够获得良好的加工效果。

二、根据加工对象合理选择加工参数

1. 合理选择电参数

（1）要求切割速度高时。当脉冲电源的空载电压高、短路电流大、脉冲宽度大时，则切割速度高。但是切割速度和表面粗糙度的要求是互相矛盾的两个工艺指标，所以，必须在满足表面粗糙度的前提下再追求高的切割速度。而且切割速度还受到间隙消电离的限制，也就是说，脉冲间隔也要适宜。

（2）要求表面粗糙度好时。若切割的工件厚度在 80mm 以内，则选用分组波的脉冲电源为好，它与同样能量的矩形波脉冲电源相比，在相同的切割速度条件下，可以获得较好的表面粗糙度。

无论是矩形波还是分组波，其单个脉冲能量小，则 Ra 值小。也就是说，脉冲宽度小、脉冲间隔适当、峰值电压低、峰值电流小时，表面粗糙度较好。

（3）要求电极丝损耗小时。多选用前阶梯脉冲波形或脉冲前沿上升缓慢的波形，由于这种波形电流的上升率低（即 di/dt 小），故可以减小丝损。

（4）要求切割厚工件时。选用矩形波、高电压、大电流、大脉冲宽度和大的脉冲间隔可充分消电离，从而保证加工的稳定性。

若加工模具厚度为 20～60mm，表面粗糙度 Ra 值为 1.6～3.2μm，脉冲电源的电参数可在如下范围内选取：

脉冲宽度　　4～20μs

脉冲幅值　　60～80V

功率管数　　3～6 个

加工电流　　0.8～2A

切割速度　　15～40mm²/min

选择上述的下限参数，表面粗糙度 Ra 为 1.6μm，随着参数的增大，表面粗糙度 Ra 增至 3.2μm。

加工薄工件和试切样板时，电参数应取小些，否则会使放电间隙增大。

加工厚工件（如凸模）时，电参数应适当取大些，否则会使加工不稳定，模具质量下降。

2. 合理调整变频进给的方法

整个变频进给控制电路有多个调整环节，其中大都安装在机床控制柜内部，出厂时已调整好，一般不应再变动；另有一个调节旋钮安装在控制台操作面板上，操作工人可以根据工件材料、厚度及加工要求等来调节此旋钮，以改变进给速度。

不要以为变频进给的电路能自动跟踪工件的蚀除速度并始终维持某一放电间隙（即不会开路不走或短路闷死），便错误地认为加工时可不必或可随便调节变频进给量。实际上某一具体加工条件下只存在一个相应的最佳进给量，此时钼丝的进给速度恰好等于工件实际可能的最大蚀除速度。如果人们设置的进给速度小于工件实际可能的蚀除速度（称欠跟踪或欠进给），则加工状态偏开路，无形中降低了生产率；如果设置好的进给速度大于工件实际可能的蚀除速度（过跟踪或过进给），则加工状态偏短路，实际进给和切割速度反而下降，而且增加了断丝和"短路闷死"的危险。实际上，由于进给系统中步进电动机、传动部件等有机械惯性及滞后现象，不论是欠进给或过进给，自动调节系统都将使进给速度忽快忽慢，加工过程变得不稳定。因此，合理调节变频进给，使其达到较好的加工状态是很重要的，主要有以下两种方法。

（1）用示波器观察和分析加工状态的方法。如果条件允许，最好用示波器来观察加工状态，它不仅直观，而且还可以测量脉冲电源的各种参数。如图 1-15 所示为加工时可能出现的几种典型波形。

将示波器输入线的正极接工件，负极接电极丝，调整好示波器，则观察到的较好波形应如图 1-16 所示。若变频进给调整得合适，则加工波最浓，空载波和短路波很淡，此时为最佳加工状态。

数控线切割机床加工效果的好坏，在很大程度上还取决于操作者调整进给速度是否适宜，为此可将示波器接到放电间隙，根据加工波形来直观地判断与调整（见图 1-15）。

1）进给速度过高（过跟踪），如图 1-15（a）所示。此时间隙中空载电压波形消失，加工电压波形变弱，短路电压波形较浓。这时工件蚀除的线速度低于进给速度，间隙接近于短路，加工表面发焦呈褐色，工件的上下端面均有过烧现象。

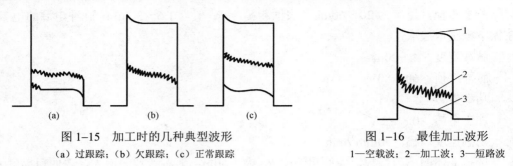

图 1-15　加工时的几种典型波形　　　　　　　图 1-16　最佳加工波形

(a) 过跟踪；(b) 欠跟踪；(c) 正常跟踪　　　　　1—空载波；2—加工波；3—短路波

2）进给速度过低（欠跟踪），如图 1-15（b）所示。此时间隙中空载电压波形较浓，时而出现加工波形，短路波形出现较少。这时工件蚀除的线速度大于进给速度，间隙近于开路，加工表面亦发焦呈淡褐色，工件的上下端面也有过烧现象。

3）进给速度稍低（欠佳跟踪）。此时间隙中空载、加工、短路三种波形均较明显，波形比较稳定。这时工件蚀除的线速度略高于进给速度，加工表面较粗、较白，两端面有黑白交错相间的条纹。

4）进给速度适宜（最佳跟踪），如图 1-15（c）所示。此时间隙中空载及短路波形弱，加工波形浓而稳定。这时工件蚀除的速度与进给速度相当，加工表面细而亮，丝纹均匀。因此在这种情况下，能得到表面粗糙度好、精度高的加工效果。

表 1-1 给出了根据进给状态调整变频的方法。

表 1-1　　　　　　　　　　　根据进给状态调整变频的方法

实频状态	进给状态	加工面状况	切割速度	电极丝	变频调整
过跟踪	慢而稳	焦褐色	低	略焦，老化快	应减慢进给速度
欠跟踪	忽慢忽快不均匀	不光洁易出深痕	较快	易烧丝，丝上有白斑伤痕	应加快进给速度
欠佳跟踪	慢而稳	略焦褐，有条纹	低	焦色	应稍增加进给速度
最佳跟踪	很稳	发白，光洁	快	发白，老化慢	不需再调整

（2）用电流表观察分析加工状态的方法。利用电压表和电流表以及示波器等来观察加工状态，使之处于较好的加工状态，实质上也是一种调节合理的变频进给速度的方法。现在介绍一种用电流表根据工作电流和短路电流的比值来更快速、有效地调节最佳变频进给速度的方法。

根据工人长期操作实践，并经理论推导证明，用矩形波脉冲电源进行线切割加工时，无论工件材料、厚度、规准大小，只要调节变频进给旋钮，把加工电流（即电流表上指示出的平均电流）调节到大小等于短路电流（即脉冲电源短路时表上指示的电流）的 70%～80%，就可保证为最佳工作状态，即此时变频进给速度合理、加工最稳定、切割速度最高。

更严格、准确地说，加工电流与短路电流的最佳比值 β 与脉冲电源的空载电压（峰值电压 $\hat{u}_i$）和火花放电的维持电压 u_e 的关系为

$$\beta = 1 - \frac{u_e}{\hat{u}_i} \tag{1-1}$$

当火花放电维持电压 u_e 为 20V 时，用不同空载电压的脉冲电源加工时，加工电流与短路电流的最佳比值见表 1–2。

表 1–2　　　　　　　　　　　　加工电流与短路电流的最佳比值

脉冲电源空载电压 $\hat{u}_i$/V	40	50	60	70	80	90	100	110	120
加工电流与短路电流最佳比值 β	0.5	0.6	0.66	0.71	0.75	0.78	0.8	0.82	0.83

短路电流的获取，可以用计算法，也可用实测法。例如，某种电源的空载电压为 100V，共用 6 个功放管，每管的限流电阻为 25Ω，则每管导通时的最大电流为 100÷25=4A，6 个功放管全用时，导通时的短路峰值电流为 4×6=24A。设选用的脉冲宽度和脉冲间隔的比为 1:5，则短路电流（平均值）为

$$24 \times \frac{1}{5+1} = 4 \text{（A）}$$

由此，在切割加工中，调节到加工电流 4×0.8=3.2A 时，进给速度和切割速度可认为达到最佳。

实测短路电流的方法为用一根较粗的导线或螺丝刀，人为地将脉冲电源输出端搭接短路，此时由电表上读得的数值即为短路电流值。按此法可对上述电源将不同电压、不同脉宽间隔比时的短路电流列成一表，以备随时查用。

本方法可使操作人员在调节和寻找最佳变频进给速度时有一个明确的目标值，可很快地调节到较好的进给和加工状态的大致范围，必要时再根据前述电压表和电流表指针的摆动方向，补偿调节到表针稳定不动的状态。

必须指出，所有上述调节方法，都必须在工作液供给充足、导轮精度良好、钼丝松紧合适等正常切割条件下才能取得较好的效果。

3. 进给速度对切割速度和表面质量的影响

（1）进给速度调得过快，超过工件的蚀除速度，会频繁地出现短路，造成加工不稳定，反而使实际切割速度降低，加工表面发焦呈褐色，工件上下端面处有过烧现象。

（2）进给速度调得太慢，大大落后于可能的蚀除速度，极间将偏开路，使脉冲利用率过低，切割速度大大降低，加工表面发焦呈淡褐色，工件上下端面处有过烧现象。

上述两种情况，都可能引起进给速度忽快忽慢，加工不稳定，且易断丝。加工表面出现不稳定条纹，或出现烧蚀现象。

（3）进给速度调得稍慢，加工表面较粗、较白，两端有黑白交错的条纹。

（4）进给速度调得适宜，加工稳定，切割速度高，加工表面细而亮，丝纹均匀，可获得较好的表面粗糙度和较高的精度。

三、改善线切割加工表面粗糙度的措施

表面粗糙度是模具精度的一个主要方面。数控线切割加工表面粗糙度超值的主要原因

是加工过程不稳定及工作液不干净，现提出以下改善措施，供在实践中参考。

（1）保证储丝筒和导轮的制造和安装精度，控制储丝筒和导轮的轴向及径向跳动，导轮转动要灵活，防止导轮跳动和摆动，有利于减少钼丝的震动，保证加工过程的稳定。

（2）必要时可适当降低钼丝的走丝速度，增加钼丝正反换向及走丝时的平稳性。

（3）根据线切割工作的特点，钼丝的高速运动需要频繁地换向来进行加工，钼丝在换向的瞬间会造成其松紧不一，钼丝张力不均匀，从而引起钼丝震动直接影响加工表面粗糙度，所以应尽量减少钼丝运动的换向次数。试验证明，在加工条件不变的情况下，加大钼丝的有效工作长度，可减少钼丝换向次数及钼丝抖动，促进加工过程的稳定，提高加工表面质量。

（4）采用专用机构张紧的方式将钼丝缠绕在储丝筒上，可确保钼丝排列松紧均匀。尽量不采用手工张紧方式缠绕，因为手工缠绕很难保证钼丝在储丝筒上排列均匀及松紧一致。松紧不均匀会造成钼丝各处张力不一样，就会引起钼丝在工作中抖动，从而增大加工表面粗糙度。

（5）X 向、Y 向工作台运动的平稳性和进给均匀性也会影响到加工表面粗糙度。保证 X 向、Y 向工作台运动平稳的方法为先试切，在钼丝换向及走丝过程中变频均匀，且单独走 X 向、Y 向直线，步进电动机在钼丝正反向所走的步数应大致相等，说明变频调整合适，钼丝松紧程度一致，可确保工作台运动的平稳。

（6）对于有可调线架的机床，应把线架跨距尽可能调小。跨距过大，钼丝会震动，跨距过小，不利于冷却液进入加工区。如切割 40mm 的工件，线架跨距在 50～60mm，上下线架的冷却液喷嘴离工件表面 6～10mm，这样可提高钼丝在加工区的刚性，避免钼丝震动，有利于加工稳定。

（7）工件的进给速度要适当。因为在线切割过程中，如工件的进给速度过大，则被腐蚀的金属微粒不易全部排出，易引起钼丝短路，加剧加工过程的不稳定。如工件的进给速度过小，则生产效率低。

（8）脉冲电源同样是影响加工表面粗糙度的重要因素。脉冲电源采用矩形波脉冲，因为它的脉冲宽度和脉冲间隔均连续可调，不易受各种因素干扰。减少单个脉冲能量，可改善表面粗糙度。影响单个脉冲能量的因素有脉冲宽度、功放管个数、功放管峰值电流，所以减小脉冲宽度和峰值电流，可改善加工表面粗糙度。然而，减小脉冲宽度，生产效率将大幅度下降，不可用；减小功放管峰值电流，生产效率也会下降，但影响程度比减小脉冲宽度小。因此，减小功放管峰值电流，适当增大脉冲宽度，调节合适的脉冲间隔，这样既可提高生产效率，又可获得较好的加工表面粗糙度。

（9）保持稳定的电源电压。因为电源电压不稳定，会造成钼丝与工件两端的电压不稳定，从而引起击穿放电过程不稳定，使表面粗糙度增大。

（10）线切割工作液要保持清洁。工作液使用时间过长，会使其中的金属微粒逐渐变大，使工作液的性质发生变化，降低工作液的作用，还会堵塞冷却系统，所以必须对工作液进行过滤，使用时间长，要更换工作液。最简单的过滤方法是，在冷却泵抽水孔处放一块海绵。工作液最好是按螺旋状形式包裹住钼丝，以提高工作液对钼丝震动的吸收作用，减少钼丝的震动，减小表面粗糙度。

总之，只要消除了加工过程中的不稳定性及保持工作液清洁，就能在较高生产效率下，获得较好的加工表面粗糙度。

任务六　掌握电火花成型加工的工艺规律

一、影响电火花成型加工精度的主要因素

影响电火花成型加工精度的因素很多，这里重点探讨与电火花成型加工工艺有关的因素。

（1）放电间隙。电火花加工中，工具电极与工件间存在着放电间隙，因此工件的尺寸、形状与工具并不一致。如果加工过程中放电间隙是常数，根据工件加工表面的尺寸、形状可以预先对工具尺寸、形状进行修正。但放电间隙是随电参数、电极材料、工作液的绝缘性能等因素变化而变化的，从而影响了加工精度。

间隙大小对形状精度也有影响，间隙越大，则复制精度越差，特别是对复杂形状的加工表面。如电极为尖角时，而由于放电间隙的等距离，工件则为圆角。因此，为了减少加工尺寸误差，应该采用较弱的加工规准，缩小放电间隙，另外还必须尽可能使加工过程稳定。放电间隙在精加工时一般为 0.01～0.1mm，粗加工时可达 0.5mm 以上（单边）。

（2）加工斜度。电火花加工时，产生斜度的情况如图 1-17 所示。由于工具电极下面部分加工时间长，损耗大，因此电极变小，而入口处由于电蚀产物的存在，易发生因电蚀产物的介入而再次进行的非正常放电（即"二次放电"），因而产生加工斜度。

（3）工具电极的损耗。在电火花加工中，随着加工深度的不断增加，工具电极进入放电区域的时间是从端部向上逐渐减少的。实际上，工件侧壁主要是靠工具电极底部端面的周边加工出来的。因此，电极的损耗也必然从端面底部向上逐渐减少，从而形成了损耗锥度（见图 1-18），工具电极的损耗锥度反映到工件上是加工斜度。

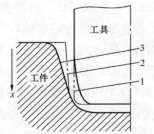

图 1-17　加工斜度对加工精度的影响

1—电极无损耗时的工具轮廓线；

2—电极有损耗而不考虑二次放电时的工具轮廓线；

3—实际工件轮廓线

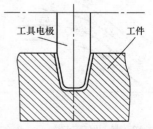

图 1-18　工具锥度对加工精度的影响

二、影响表面粗糙度的主要因素

电火花加工工件表面的凹坑大小与单个脉冲放电能量有关，单个脉冲能量越大，则凹坑越大。若把粗糙度值大小简单地看成与电蚀凹坑的深度成正比，则电火花加工表面粗糙度随单个脉冲能量的增加而增大。

在一定的脉冲能量下，不同的工件电极材料表面粗糙度值大小不同，熔点高的材料表面粗糙度值要比熔点低的材料小。

在脉冲宽度一定的条件下，随着峰值电流的增加，单个脉冲能量也增加，表面粗糙度就变差。

当峰值电流一定时，脉冲宽度越大，单个脉冲的能量就大，放电腐蚀的凹坑也越大、越深，所以表面粗糙度就越差。

工具电极的表面粗糙度值大小也影响工件的加工表面粗糙度值。例如，石墨电极表面比较粗糙，因此它加工出的工件表面粗糙度值也大。

由于电极的相对运动，工件侧边的表面粗糙度值比端面小。

干净的工作液有利于得到理想的表面粗糙度。因为工作液中含蚀除产物等杂质越多，越容易发生积炭等不利状况，从而影响表面粗糙度。

三、影响加工速度的主要因素

影响加工速度的因素分电参数和非电参数两大类。电参数主要指脉冲电源输出波形与参数；非电参数包括加工面积、深度、工作液种类、冲油方式、排屑条件及电极对的材料、形状等。

（1）电规准的影响。所谓电规准，是指电火花加工时选用的电加工参数，主要有脉冲宽度 t_i（μs）、脉冲间隙 t_o（μs）及峰值电流 I_p 等参数。

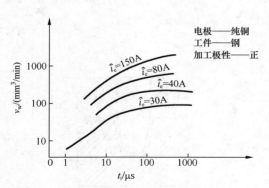

图 1-19　脉冲宽度与加工速度的关系

1）脉冲宽度对加工速度的影响。单个脉冲能量的大小是影响加工速度的重要因素。对于矩形波脉冲电源，当峰值电流一定时，脉冲能量与脉冲宽度成正比。脉冲宽度增加，加工速度随之增加，因为随着脉冲宽度的增加，单个脉冲能量增大，使加工速度提高。但若脉冲宽度过大，加工速度反而下降，如图 1-19 所示。这是因为单个脉冲能量虽然增大，但转换的热能有较大部分散失在电极与工件之中，不起蚀除作用。同时，在其他加工条件相同时，随着脉冲能量过分增大，蚀除产物增多，排气排屑条件恶化，间隙消电离时间不足，将会导致拉弧，加工稳定性变差等。因此加工速度反而降低。

2）脉冲间隔对加工速度的影响。在脉冲宽度一定的条件下，若脉冲间隔减小，则加工速度提高，如图 1–20 所示。这是因为脉冲间隔减小导致单位时间内工作脉冲数目增多、加工电流增大，故加工速度提高；但若脉冲间隔过小，会因放电间隙来不及消电离而引起加工稳定性变差，导致加工速度降低。

在脉冲宽度一定的条件下，为了最大限度地提高加工速度，应在保证稳定加工的同时，尽量缩短脉冲间隔时间。带有脉冲间隔自适应控制的脉冲电源，能够根据放电间隙的状态，在一定范围内调节脉冲间隔的大小，这样既能保证稳定加工，又可以获得较大的加工速度。

3）峰值电流的影响。当脉冲宽度和脉冲间隔一定时，随着峰值电流的增加，加工速度也增加，如图 1–21 所示。因为加大峰值电流，等于加大单个脉冲能量，所以加工速度也就提高了。但若峰值电流过大（即单个脉冲放电能量很大），加工速度反而下降。

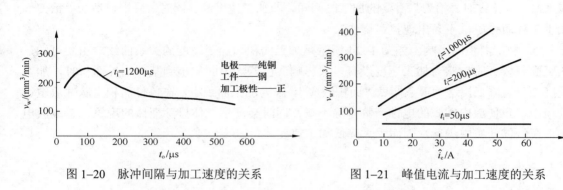

图 1–20　脉冲间隔与加工速度的关系　　　图 1–21　峰值电流与加工速度的关系

此外，峰值电流增大将降低工件表面粗糙度和增加电极损耗。在生产中，应根据不同的要求，选择合适的峰值电流。

（2）非电参数的影响。

1）排屑条件的影响。在电火花加工过程中会不断产生气体、金属屑末和碳黑等，如不及时排除，则加工很难稳定地进行。加工稳定性不好，会使脉冲利用率低，加工速度降低。为便于排屑，一般都采用冲油（或抽油）和电极抬起的办法。

a）冲（抽）油压力和加工速度的关系曲线。在加工中，对于工件较浅的型腔或易于排屑的型腔，可以不采取任何辅助排屑措施。但对于较难排屑的加工，不冲（抽）油或冲（抽）油压力过小，则因排屑不良产生的二次放电的机会明显增多，从而导致加工速度下降；但若冲油压力过大，加工速度同样会降低。

这是因为冲油压力过大，产生干扰，使加工稳定性变差，故加工速度反而会降低。如图 1–22 所示，为冲油压力和加工速度关系曲线。

冲（抽）油的方式与冲油压力大小应根据实际加工情况来定。若型腔较深或加工面积较大，冲（抽）油压力要相应增大。

b）"抬刀"对加工速度的影响。为使

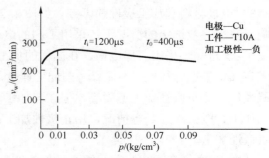

图 1–22　冲油压力和加工速度的关系

放电间隙中的电蚀产物迅速排除，除采用冲（抽）油外，还需经常抬起电极以利于排屑。在定时"抬刀"状态，会发生放电间隙状况良好无须"抬刀"而电极却照样抬起的情况，也会出现当放电间隙的电蚀产物积聚较多急需"抬刀"，而"抬刀"时间未到却不"抬刀"的情况。这种多余的"抬刀"运动和未及时"抬刀"都直接降低了加工速度。为克服定时"抬刀"的缺点，目前较先进的电火花机床都采用了自适应"抬刀"功能。自适应"抬刀"是根据放电间隙的状态，决定是否"抬刀"。放电间隙状态不好，电蚀产物堆积多，"抬刀"频率自动加快；当放电间隙状态好，电极就少抬起或不抬。这使电蚀产物的产生与排除基本保持平衡，避免了不必要的电极抬起运动，提高了加工速度。

如图 1–23 所示为抬刀方式对加工速度的影响。由图可知，加工深度相同时，采用自适应"抬刀"比定时"抬刀"需要的加工时间短，即加工速度高。同时，采用自适应"抬刀"，加工工件质量好，不易出现拉弧烧伤。

2）加工面积的影响。如图 1–24 所示是加工面积和加工速度的关系曲线。由图可知，加工面积较大时，它对加工速度没有多大影响。但若加工面积小到某一临界面积时，加工速度会显著降低，这种现象叫做"面积效应"。因为加工面积小，在单位面积上脉冲放电过分集中，致使放电间隙的电蚀产物排除不畅，同时会产生气体排除液体的现象，造成放电加工在气体介质中进行，因而大大降低加工速度。

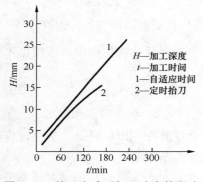

图 1–23　抬刀方式对加工速度的影响

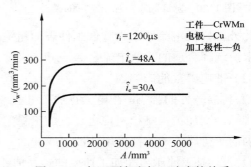

图 1–24　加工面积和加工速度的关系

从图 1–24 可看出，峰值电流不同，最小临界加工面积也不同。因此，确定一个具体加工对象的电参数时，首先必须根据加工面积确定工作电流，并估算所需的峰值电流。

3）电极材料和加工极性的影响。如图 1–25 所示为电极材料和加工极性对加工速度的影响，在电参数选定的情况下，采用不同的电极材料与加工极性，加工速度也大不相同。由图 1–25 可知，采用石墨电极，在同样的加工电流时，正极性比负极性加工速度高。

在加工中选择极性，不能只考虑加工速度，还必须考虑电极损耗。如用石墨做电极时，正极性加工比负极性加工速度高，但在粗加工中，电极损耗会很大。故在不计电极损耗的通孔加工、取折断工具等情况，用正极性加工；而在用石墨电极加工型腔的过程中，常采用负极性加工。

从图 1–25 还可看出，在同样的加工条件和加工极性情况下，采用不同的电极材料，加工速度也不相同。例如，中等脉冲宽度、负极性加工时，石墨电极的加工速度高于铜电极的加工速度。在脉冲宽度较窄或很宽时，铜电极加工速度高于石墨电极。此外，采用石墨电极加工的最大加工速度时的脉冲宽度，比用铜电极加工的最大加工速度的脉冲宽度要窄。

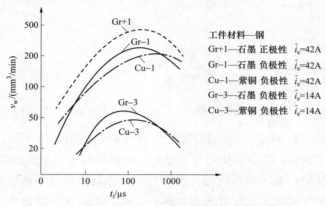

图 1-25　电极材料和加工极性对加工速度的影响

由上所述，电极材料对电火花加工非常重要，正确选择电极材料是电火花加工时应首要考虑的问题。

4）工作液的影响。在电火花加工中，工作液的种类、黏度、清洁度对加工速度有影响。就工作液的种类来说，加工速度的大致顺序是：高压水＞煤油＋机油＞煤油＞酒精水溶液。在电火花成型加工中，应用最多的工作液是煤油。

5）工件材料的影响。在同样加工条件下，选用不同工件材料，加工速度也不同。这主要取决于工件材料的物理性能（熔点、沸点、比热容、导热系数、熔化热和汽化热等）。

一般说来，工件材料的熔点、沸点越高，比热容、熔化潜热和汽化潜热越大，加工速度越低，即越难加工。如加工硬质合金钢比加工碳素钢的速度要低 40%～60%。对于导热系数很高的工件，虽然熔点、沸点、熔化热和汽化热不高，但因热传导性好，热量散失快，加工速度也会降低。

四、影响电极损耗的主要因素

（1）电参数对电极损耗的影响。

1）脉冲宽度的影响。在峰值电流一定的情况下，随着脉冲宽度的减小，电极损耗增大。脉冲宽度越窄，电极损耗 θ 上升的趋势越明显，如图 1-26 所示。所以精加工时的电极损耗比粗加工时的电极损耗大。

2）脉冲间隔的影响。在脉冲宽度不变时，随着脉冲间隔的增加，电极损耗增大，如图 1-27 所示。因为脉冲间隔加大，引起放电间隙中介质消电离状态的变化，使电极上的"覆盖效应"减少。

随着脉冲间隔的减小，电极损耗也随之减少，但超过一定限度，放电间隙将来不及消电离而造成拉弧烧伤，反而影响正常加工的进行。尤其是粗规准、大电流加工时，更应注意。

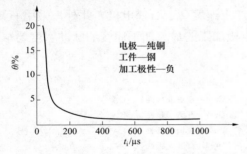

图 1-26 脉冲宽度与电极相对损耗的关系

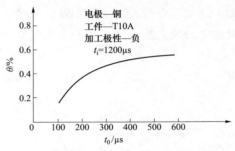

图 1-27 脉冲间隔对电极相对损耗的影响

3）峰值电流的影响。对于一定的脉冲宽度，加工时的峰值电流不同，电极损耗也不同。

用紫铜电极加工钢时，随着峰值电流的增加，电极损耗也增加。如图 1-28 所示是峰值电流对电极相对损耗的影响。由图可知，要降低电极损耗，应减小峰值电流。因此，对一些不适宜用长脉冲宽度粗加工而又要求损耗小的工件，应使用窄脉冲宽度、低峰值电流的方法。

由上可知，脉冲宽度和峰值电流对电极损耗的影响效果是综合性的。只有脉冲宽度和峰值电流保持一定关系，才能实现低损耗加工。

4）加工极性的影响。在其他加工条件相同的情况下，加工极性不同对电极损耗影响很大，如图 1-29 所示。当脉冲宽度 t_i 小于某一数值时，正极性损耗小于负极性损耗；反之，当脉冲宽度 t_i 大于某一数值时，负极性损耗小于正极性损耗。一般情况下，采用石墨电极和铜电极加工钢时，粗加工用负极性，精加工用正极性。但在钢电极加工钢时，无论粗加工或精加工都要用负极性，否则电极损耗将大大增加。

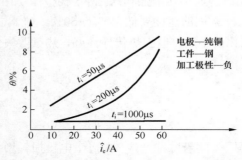

图 1-28 峰值电流对电极相对损耗的影响

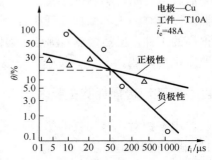

图 1-29 加工极性对电极相对损耗的影响

（2）非电参数对电极损耗的影响。

1）工具电极材料的影响。工具电极损耗与其材料有关，损耗的大致顺序如下：银钨合金＜铜钨合金＜石墨（粗规准）＜紫铜＜钢＜铸铁＜黄铜＜铝。

影响电极损耗的因素较多，现总结如下，见表 1-3。

表 1-3 影响电极损耗的因素

因素	说 明	减少损耗条件
脉冲宽度	脉宽越大，损耗越小，至一定数值后，损耗可降低至小于 1%	脉宽足够大

续表

因素	说　　　明	减少损耗条件
峰值电流	峰值电流增大，电极损耗增加	减小峰值电流
极性	影响很大。应根据不同电源、不同电规准、不同工作液、不同电极材料、不同工件材料，选择合适的极性	一般脉宽大时用正极性，小时用负极性，钢电极用负极性
电极材料	常用电极材料中黄铜的损耗最大，紫铜、铸铁、钢次之，石墨和铜钨、银钨合金较小。紫铜在一定的电规准和工艺条件下，也可得到低损耗加工	石墨做粗加工电极，紫铜做精加工电极
工件材料	加工硬质合金工件时电极损耗比钢工件大	用高压脉冲加工或用水做工作液，在一定条件下可降低损耗
加工面积	影响不大	大于最小加工面积
排屑条件和二次放电	在损耗较小的加工条件下，排屑条件越好则损耗越大，如紫铜，有些电极材料则对此不敏感，如石墨。损耗较大的规准加工时，二次放电会使损耗增加	在许可条件下，最好不采用强迫冲（抽）油
工作液	常用的煤油、机油获得低损耗加工需具备一定的工艺条件；水和水溶液比煤油容易实现低损耗加工（在一定条件下），如硬质合金工件的低损耗加工，黄铜和钢电极的低损耗加工	

2）电极的形状和尺寸的影响。在电极材料、电参数和其他工艺条件完全相同的条件下，电极的形状和尺寸对电极损耗影响也很大（如电极的尖角、棱边、薄片等）。如图 1-30（a）所示的型腔，用整体电极加工较困难。在实际中首先加工主型腔，如图 1-30（b）所示，再用小电极加工副型腔，如图 1-30（c）所示。

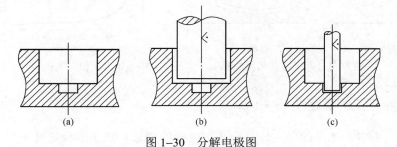

(a)　　　　　　　　(b)　　　　　　　　(c)

图 1-30　分解电极图
（a）型腔；（b）加工主型腔；（c）加工副型腔

3）冲油或抽油的影响（见图 1-31）。对形状复杂、深度较大的型孔或型腔进行加工时，若采用适当的冲油或抽油的方法进行排屑，有助于提高加工速度。但另一方面，冲油或抽油压力过大反而会加大电极的损耗。因为强迫冲油或抽油会使加工间隙的排屑和消电离速度加快，这样减弱了电极上的"覆盖效应"。当然，不同的工具电极材料对冲油、抽油的敏感性不同。如用石墨电极加工时，电极损耗受冲油压力的影响较小；而紫铜电极损耗受冲油压力的影响较大。

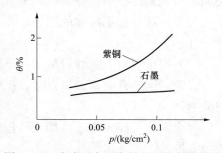

图 1-31　冲油压力对电极相对损耗的影响

由上可知，在电火花成型加工中，应谨慎使用冲、抽油。加工本身较易进行且可稳定进行电火花加工，不宜采用冲、抽油；若非采用冲、抽油不可的电火花加工，也应注意使冲、抽油压力维持在较小的范围内。

冲、抽油方式对电极损耗无明显影响，但对电极端面损耗的均匀性影响方面有较大区别。冲油时电极损耗呈凹形端面，抽油时则形成凸形端面，如图1-32所示。这主要是因为冲油进口处所含各种杂质较少，温度比较低，流速较快，使进口处"覆盖效应"减弱。

实践证明，当油孔的位置与电极的形状对称时用交替冲油和抽油的方法，可使冲油或抽油所造成的电极端面形状的缺陷互相抵消，得到较平整的端面。另外，采用脉动冲油（冲油不连续）或抽油比连续的冲油或抽油效果好。

4）加工面积的影响。在脉冲宽度和峰值电流一定的条件下，加工面积对电极损耗影响不大，是非线性的，如图1-33所示。当电极相对损耗小于1%，随着加工面积的继续增大，电极损耗减小的趋势越来越慢。当加工面积过小时，则随着加工面积的减小，电极损耗急剧增加。

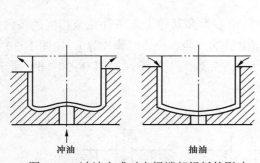

图1-32　冲油方式对电极端部损耗的影响

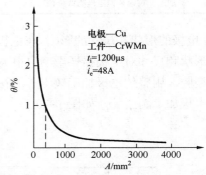

图1-33　加工面积对电极相对损耗的影响

五、电火花加工的稳定性

在电火花加工中，加工的稳定性是一个很重要的概念。加工的稳定性不仅关系到加工的速度，而且关系到加工的质量。

（1）加工形状。形状复杂（具有内外尖角、窄缝、深孔等）的工件加工不易稳定，其他如电极或工件松动、烧弧痕迹未清除、工件或电极带磁性不同等均会引起加工不稳定。

另外，随着加工深度的增加，加工变得不稳定。工作液中混入易燃微粒也会使加工难以进行。

（2）电极材料及工件材料。对于钢工件，各种电极材料的加工稳定性好坏次序如下。

紫铜（铜钨合金、银钨合金）＞铜合金（包括黄铜）＞石墨＞铸铁＞不相同的钢＞相同的钢。

淬火钢比不淬火钢工件加工时稳定性好；硬质合金、铸铁、铁合金、磁钢等工件的加工稳定性差。

（3）电规准与加工稳定性。一般来说，单个脉冲能量较大的规准，容易达到稳定加工。

但是，当加工面积很小时，不能用很强的规准加工。另外，加工硬质合金不能用太强的规准加工。

脉冲间隔太小常易引起加工不稳。在微细加工、排屑条件很差、电极与工件材料不太合适时，可增加间隔来改善加工的不稳定性，但这样会引起生产率下降。t_i/I_p 较大的规准比 t_i/I_p 较小的规准加工稳定性差。当 t_i/I_p 大到一定数值后，加工很难进行。

对每种电极材料对，必须有合适的加工波形和适当的击穿电压，才能实现稳定加工。当平均加工电流超过最大允许加工电流时，将出现不稳定现象。

（4）极性。不合适的极性可能导致加工极不稳定。

（5）电极进给速度。电极的进给速度与工件的蚀除速度应相适应，这样才能使加工稳定进行。进给速度大于蚀除速度时，加工不易稳定。

（6）蚀除物的排除情况。良好的排屑是保证加工稳定的重要条件。单个脉冲能量大则放电爆炸力强，电火花间隙大，蚀除物容易从加工区域排出，加工就稳定。在用弱规准加工工件时必须采取各种方法保证排屑良好，实现稳定加工。冲油压力不合适也会造成加工不稳定。

六、电火花加工中的工艺技巧

（1）影响模具表面质量的"波纹"问题。用平动头修光侧面的型腔，在底部圆弧或斜面处易出现"细丝"及鱼鳞状的凸起，这就是"波纹"。"波纹"问题将严重影响模具加工的表面质量，一般"波纹"产生的原因如下。

1）电极材料的影响。如在用石墨做电极时，由于石墨材料颗粒粗、组织疏松、强度差，会引起粗加工后电极表面产生严重剥落现象（包括疏松性剥落、压层不均匀性剥落、热疲劳破坏剥落、机械性破坏剥落），因为电火花加工是精确"仿形"加工，故在电火花加工中石墨电极表面剥落现象经过平动修整后会反映到工件上，即产生了"波纹"。

2）中、粗加工电极损耗大。由于粗加工后电极表面粗糙度很大，中、精加工时电极损耗较大，故在加工过程中工件上粗加工的表面不平度会反拷到电极上，电极表面产生的高低不平又反映到工件上，最终就产生了所谓的"波纹"。

3）冲油、排屑的影响。电加工时，若冲油孔开设得不合理，排屑情况不良，则蚀除物会堆积在底部转角处，这样也会助长"波纹"的产生。

4）电极运动方式的影响。"波纹"的产生并不是由平动加工引起的，相反，平动运动有利于底面"波纹"的消除，但它对不同角度的斜度或曲面"波纹"仅有不同程度的减少，却无法消除。这是因为平动加工时，电极与工件有一个相对错开位置，加工底面错位量大，加工斜面或圆弧错位量小，因而导致两种不同的加工效果。

"波纹"的产生既影响了工件表面粗糙度，又降低了加工精度，为此，在实际加工中应尽量设法减小或消除"波纹"。

（2）加工精度问题。加工精度主要包括"仿形"精度和尺寸两个方面。所谓"仿形"精度，是指电加工后的型腔与加工前工具电极几何形状的相似程度。

影响"仿形"精度的因素有如下几点。

1）使用平动头造成的几何形状失真，如很难加工出清角、尖角变圆等。

2）工具电极损耗及"反粘"现象的影响。

3）电极装夹校正装置的精度和平动头、主轴头的精度以及刚性影响。

4）规准选择转换不当，造成电极损耗增大。

影响尺寸精度的因素有如下几点。

1）操作者选用的电规准与电极缩小量不匹配，以致加工完成后，尺寸精度超差。

2）在加工深型腔时，二次放电机会较多，使加工间隙增大，以致侧面不能修光，或者即使能修光，也超出了图纸尺寸。

3）冲油管的放置和导线的架设存在问题，导线与油管产生阻力，使平动头不能正常进行平面圆周运动。

4）电极制造误差。

5）主轴头、平动头、深度测量装置等机械误差。

（3）表面粗糙度问题。电火花加工型腔模，有时型腔表面会出现尺寸到位，但修不光的现象。造成这种现象的原因有以下几方面。

1）电极对工作台的垂直度没校正好，使电极的一个侧面出现倾斜，这样对应模具侧面的上部分就会修不光。

2）主轴进给时，出现扭曲现象，影响了模具侧表面的修光。

3）在加工开始前，平动头没有调到零位，以致到了预定的偏心量时，有一面无法修出。

4）各挡规准转换过快，或者跳规准进行修整，使端面或侧面留下粗加工的麻点痕迹，无法再修光。

5）电极或工件没有装夹牢固，在加工过程中出现错位移动，影响模具侧面粗糙度的修整。

6）平动量调节过大，加工过程出现大量碰撞短路，使主轴不断上下往返，造成有的面修出，有的面修不出。

七、电火花加工工艺的制定

前面我们详细阐述了电火花加工的工艺规律，不难看到，加工精度、表面粗糙度、加工速度和电极损耗往往相互矛盾。表1-4简单列举了一些参数对工艺的影响。

表1-4　　　　　　　　　　　　常用参数对工艺的影响

参数	加工速度	电极损耗	表面粗糙度值	备　　注
峰值电流↑	↑	↑	↑	加工间隙↑，型腔加工锥度↑
脉冲宽度↑	↑	↓	↓	加工间隙↑，加工稳定性↑
脉冲间歇↑	↓	↑	○	加工稳定性↑
介质清洁度↑	中粗加工↓ 精加工↑	○	○	加工稳定性↑

注　○表示影响较小；↓表示降低或减小；↑表示增大。

在电火花加工中，如何合理地制定电火花加工工艺呢？如何用最快的速度加工出最佳质量的产品呢？一般来说，主要采用两种方法来处理：第一，先主后次，如在用电火花加工去除断在工件中的钻头、丝锥时，应优先保证速度，因为此时工件的表面粗糙度、电极损耗已经不重要了；第二，采用各种手段，兼顾各方面。其中常见的方法主要有如下几种。

（1）先用机械加工去除大量的材料，再用电火花加工保证加工精度和加工质量。电火花成型加工的材料去除率还不能与机械加工相比。因此，在工件型腔电火花加工中，有必要先用机械加工方法去除大部分加工量，使各部分余量均匀，从而大幅度提高工件的加工效率。

（2）粗、中、精逐挡过渡式加工方法。粗加工用以蚀除大部分加工余量，使型腔按预留量接近尺寸要求；中加工用以提高工件表面粗糙度等级，并使型腔基本达到要求，一般加工量不大；精加工主要保证最后加工出的工件达到要求的尺寸与粗糙度。

在加工时，首先通过粗加工，高速去除大量金属，这是通过大功率、低损耗的粗加工规准解决的；其次，通过中、精加工保证加工的精度和表面质量。中、精加工虽然工具电极相对损耗大，但在一般情况下，中、精加工余量仅占全部加工量的极小部分，故工具电极的绝对损耗极小。

在粗、中、精加工中，注意转换加工规准。

（3）采用多电极。在加工中及时更换电极，当电极绝对损耗量达到一定程度时，及时更换，以保证良好的加工质量。

学会操作 FWU 系列快走丝线切割机床

任务一 学会使用 FWU 系列快走丝线切割机床的手控盒

FWU 系列快走丝线切割机床是由北京阿奇夏米尔工业电子有限公司生产的,在企业得到了广泛的应用。

一、机床的构成

FWU 系列快走丝线切割机床的外观及各部分名称如图 2-1 所示。

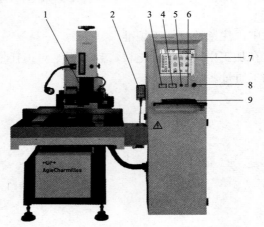

图 2-1　FWU 系列快走丝线切割机床

1—U、V 轴部;2—手控盒;3—电压表;4—电流表;5—开机按钮;
6—关机按钮;7—显示器;8—急停开关;9—键盘

二、手控盒的使用

FWU 系列快走丝线切割机床的手控盒如图 2-2 所示,各按钮的功能如下。

⇛ : 点动高速挡。

⇒ : 点动低速挡,开机时为中速。

→ : 点动单步挡。

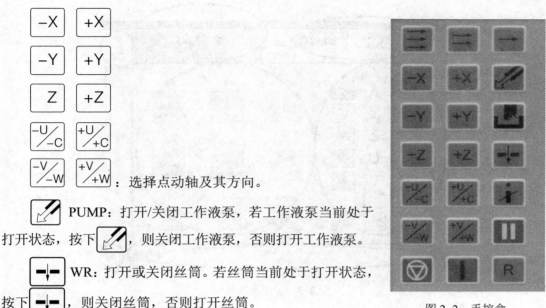

$\boxed{-X}$ $\boxed{+X}$

$\boxed{-Y}$ $\boxed{+Y}$

$\boxed{Z}$ $\boxed{+Z}$

$\boxed{\frac{-U}{-C}}$ $\boxed{\frac{+U}{+C}}$

$\boxed{\frac{-V}{-W}}$ $\boxed{\frac{+V}{+W}}$ ：选择点动轴及其方向。

$\boxed{\diagup}$ PUMP：打开/关闭工作液泵，若工作液泵当前处于打开状态，按下 $\boxed{\diagup}$，则关闭工作液泵，否则打开工作液泵。

$\boxed{-|-}$ WR：打开或关闭丝筒。若丝筒当前处于打开状态，按下 $\boxed{-|-}$，则关闭丝筒，否则打开丝筒。

图 2-2 手控盒

$\boxed{\|}$ HALT：暂停键，使加工暂时停止，仅在加工中有效。

$\boxed{\bigodot}$ OFF：停止正在执行的操作。

$\boxed{|}$ ENT：开始执行 NC 程序或手动程序。

注意

其他键在本系统中无效。

使用手控盒来进行轴移动。按下手控盒的 $\boxed{\Rightarrow\!\!\!\Rightarrow}$、$\boxed{\Rightarrow}$、$\boxed{\rightarrow}$，速度将对应变为高速、低速、单步。"点动速度"后所显示的速度为当前的手控盒的点动速度，各挡点动速度在出厂时已调好。

按下要移动的轴所对应的键，机床即以给定速度移动，松开此键，则机床停止移动。若在移动中遇到限位开关，则停止移动，并显示错误信息。在一次点动完成后，坐标区显示 X、Y、Z、U、V 的坐标。

任务二 熟悉 FWU 系列快走丝线切割机床用户界面

一、开机画面

在系统启动成功后，即出现如图 2-3 所示的加工准备界面。界面中各部分的功能说明如下。

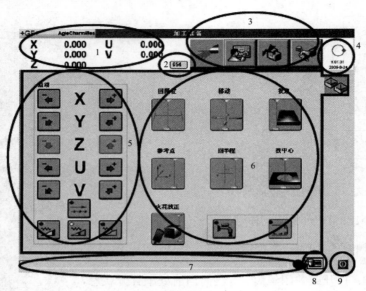

图 2-3 加工准备界面

（1）坐标显示区：分别显示 X、Y、Z、U、V 轴的坐标。

注意

对于 FW 1，Z 轴为非数控，因此其坐标显示一直为 0。

（2）多坐标系：点击多坐标系按钮，出现 G54～G59 六个用户坐标系，可供用户在不同的用户坐标系下设定相应的参考点。

（3）模块选择区：共有 4 个模块可供选择：加工准备、文件准备、放电加工、机床配置。

（4）当前时间和日期：显示当前时间和日期。

（5）点动操作区：各轴执行点动操作。

（6）功能键区：显示各模块内所对应的模式。

（7）错误信息显示区：错误（红色）、警告（黄色）、一般提示信息（绿色），红色错误一般需要关机，解决错误来源之后再开机。错误信息在屏幕最下方显示，当有错误信息时，警示灯 ● 闪烁，警示灯的颜色依据信息的不同呈现出三种级别颜色。

清除错误信息：双击警示灯 ● 或点击 。

（8）信息显示按钮：点击该按钮，显示信息记录，再次点击该按钮，回到当前界面。

（9）关闭机床。

二、坐标切换

图 2-3 中的坐标显示区 3 显示当前坐标。在该区域双击可在机械坐标和用户坐标之间切换，如图 2-4 所示。

X	0.000	U	0.000
Y	0.000	V	0.000
Z	0.000		

(a)

X0	0.000	U0	0.000
Y0	0.000	V0	0.000
Z0	0.000		

(b)

图 2-4 坐标切换

（a）用户坐标系；（b）机械坐标系

三、坐标及方向的规定

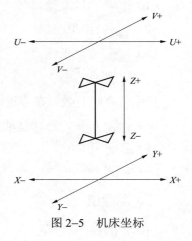

以数学中直角坐标系为基础，参考电极丝的运动方向来决定。机床坐标如图 2-5 所示，面向机床正面，横向为 X 方向，纵向为 Y 方向。在 X 方向，丝向右运动为 $X+$ 方向，丝向左动为 $X-$ 方向。在 Y 方向，丝向外运行为 $Y+$ 方向，丝向内运行为 $Y-$ 方向。

U、V 两轴分别与 X 轴、Y 轴平行，即 U 轴平行于 X 轴，V 轴平行于 Y 轴，U、V 轴正负方向的确定与 X、Y 轴相同。

图 2-5 机床坐标

 注意

每次关、开机的时间间隔要大于10s，否则有可能出现故障。

四、Fikus 与 FWU 软件间的切换

如果机床安装有 Fikus 软件，开机后，该软件自动启动，操作者即可按 Alt+Tab 键在 Fikus 和 FWU 软件间切换。

任务三 加 工 准 备

"加工准备"用于加工前在机床上进行准备工作，如在工作区安装好工件、找好电极丝位置等。点击如图 2-3 所示的界面上的不同按钮，就可以进入相应的功能对话框或执行某种所需的功能。下面分别介绍加工准备的各项工作。

一、点动

点动操作区如图 2-6 所示，该部分的功能按钮与手控盒的相应功能按钮相似，但此处点动功能可以设定为连续和步进两种移动模式，移动速度又分为高、中、低速三种。

连续移动模式下，按下某一轴向键，相应的机床轴开始以选定的速度移动，松开则停止移动；步进移动模式下，每次按下轴

图 2-6 点动操作区

向键，相应的机床轴开始以选定的步长移动一次。

点动分连续模式和步进模式。

1. 连续模式

该模式为默认模式，指示灯灭时有效。每次按下，状态切换一次。在连续模式下，有下列 3 种点动模式：

（1）⚡ 点动高速。

（2）⚡ 点动中速。

（3）⚡ 点动低速。

2. 步进模式 ➡

指示灯亮时有效。在步进模式下，有下列 3 种点动模式：

（1）⚡ 单步，每次移动 1μm。

（2）⚡ 10μm/步，每次移动 10μm。

（3）⚡ 100μm/步，每次移动 100μm。

二、回限位

回限位的操作步骤：

（1）在如图 2-3 所示的"加工准备"页面上点击"回限位"按钮，将显示如图 2-7 所示的"回限位"对话框。

（2）在"回限位"对话框中根据需要选择一个或多个轴以及移动方向，点击"执行"按钮，执行指定轴向回极限动作，到达限位后显示 X、Y、Z、U、V 轴坐标。

（3）完成操作后，点击"退出"按钮关闭对话框。

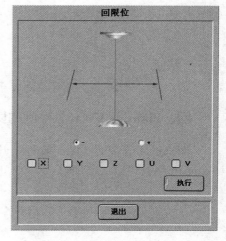

图 2-7 "回限位"对话框

📖 注意

（1）执行过程中，执行按钮左侧的指示区会变成黄色，执行完成后会变成默认颜色，执行错误时会有错误提示信息出现。

（2）掉电记忆失败后，应回各轴的负限位以重新恢复螺补数据。

（3）回到负限位后，相应轴的机械坐标会自动置零，并重新从该点开始进行螺距误差的补偿运算。

（4）回正限位仅用于检测行程大小和限位开关，不会对机械坐标进行重置，不会影响螺距补偿的运算。

三、移动

使用移动功能可以将各轴移动到指定位置。

操作步骤：

（1）在如图 2-3 所示的"加工准备"页面上点击"移动"按钮，将显示如图 2-8 所示的"移动"对话框。

（2）选择坐标方式：用户坐标、机械坐标。

选择移动方式：绝对方式、增量方式。

（3）根据需要选择一个或多个轴，输入所需数据，点击"执行"按钮。

X 轴与 Y 轴可以同时联动，U 轴与 V 轴可以同时联动，但 XY 轴系、UV 轴系及 Z 轴不能同时联动。

选择多个轴，若 Z 轴向上移动，则 Z 轴先移动，然后是 XY 轴，最后是 UV 轴；若 Z 轴向下移动，各轴移动顺序为：XY 轴，Z 轴，UV 轴。

（4）完成操作后，点击"退出"按钮关闭对话框。

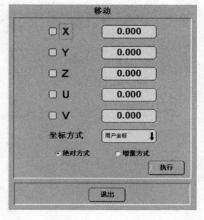

图 2-8 "移动"对话框

注意

（1）如果在移动过程中发生了接触感知或到了某轴的机械限位，则自动停止移动，并显示相应信息。

（2）机床移动工作台到给定点后，机床停止移动；坐标显示区显示机床的当前坐标。

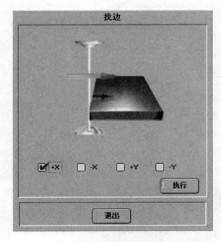

图 2-9 "找边"对话框

四、找边

操作步骤：

（1）在如图 2-3 所示的"加工准备"页面上点击"找边"按钮，将出现如图 2-9 所示的"找边"对话框。

（2）选择所需的轴向：+X、-X、+Y、-Y。

（3）点击"执行"按钮，"执行"按钮左侧的状态指示区变为黄色，当它变成默认颜色表示动作完成。

（4）执行完成后，点击"退出"按钮，即可关闭该对话框。

五、参考点

该功能用于将当前位置设定为当前用户坐标系的参考点，或移动至当前用户坐标系的最后一次设定的参考点。

操作步骤：

（1）在如图 2-3 所示的"加工准备"页面上单击"参考点"按钮，将出现如图 2-10 所示的"参考点"对话框。

（2）选择操作方式：设参考点或回参考点。

（3）根据需要选择一个或多个轴，输入所需数据。

图 2-10 "参考点"对话框

（4）点击"执行"按钮，"执行"按钮左侧的状态指示区变为黄色，当它变成默认颜色表示动作完成。

（5）执行完成后，单击"退出"按钮，即可关闭该对话框。

注意

（1）设参考点时，如值为零则该轴坐标与坐标系原点重合。

（2）机床的参考点坐标在执行 G92 指令后会被重新设定。

六、回半程

回半程功能用于手动对中时的坐标快速定位。

操作步骤：

（1）在如图 2-3 所示的"加工准备"页面上点击"回半程"按钮，将显示如图 2-11 所示的"回半程"对话框。

（2）根据需要选择一个或多个轴。

（3）点击"执行"按钮，执行结束后电极丝回到所选轴下当前用户坐标值的一半的位置。

（4）点击"退出"按钮，即可关闭该对话框。

七、找中心

该功能用于加工时自动找工件内孔或槽的中心位置。

操作步骤：

（1）穿丝后，移动丝使电极丝位于孔或槽的大致中心位置。

（2）在如图 2-3 所示的"加工准备"页面上点击"找中心"按钮。将出现如图 2-12 所示的"找中心"对话框。

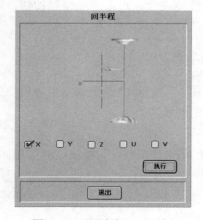

图 2-11 "回半程"对话框

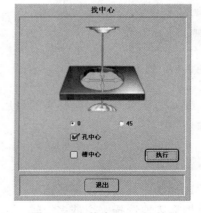

图 2-12 "找中心"对话框

（3）选择找中心类型及方向。

孔中心：可以选择 0° 和 45°，即"+"形或"×"形方式。

槽中心：可以根据槽的方向选择 X 向或 Y 向方式，此时槽的侧壁必须和机床的 X 轴或 Y 轴平行。

（4）点击"执行"按钮。找中心时如果卷丝筒正好压在换向开关处，则有提示信息出现，这时操作者可以将丝筒移离后继续执行。

（5）执行完后，点击"关闭"按钮，关闭对话框。

注意

（1）如果丝筒在限位处，则无法找中心。

（2）工件孔必须清洁无毛刺，导电性要好，孔的精度要好，侧壁垂直度好，电极丝的垂直精度高，否则找中心的精度将会受影响。

八、火花找正

利用该功能，可借助于手控盒及找正块来进行丝的半自动垂直找正。

操作步骤：

（1）在如图 2-3 所示的"加工准备"页面上点击"火花找正"按钮，将显示如图 2-13 所示的"火花找正"对话框。

（2）根据需要调整"ON、OFF"放电参数，以获取合适的放电火花。每次更改后，需要点击刷新按钮使更改生效。

（3）点击"执行"按钮。丝找正后，可以通过选项"U0"、"V0"和"清零"按钮将 UV 轴的机械坐标置零。

（4）点击"退出"按钮，即可关闭该对话框。

图 2-13　"火花找正"对话框

注意

（1）找正块要干净和干燥。

（2）电极丝上不要带冷却液。

（3）找正前，须将电极丝移动到在 X 方向和 Y 方向找正块都能接触到的位置。

（4）找正开始后，用手推动找正块，使之与丝逐渐接近，到看见火花为止，接触太多或距离太远，都不会有火花。

（5）通过低速及点动移动 XU 或 YV 轴，使火花上下一致为止。

（6）丝找正后，请将 U0、V0 清零。

九、打开工作液泵

打开工作液泵：点击该按钮，启动工作液泵。

十、运丝

运丝：点击该按钮，丝筒开始运转。

任务四 文 件 准 备

在如图2–3所示的"加工准备"页面上点击"文件准备" 按钮，将出现如图2–14所示的"文件准备"页面，该功能主要用于NC程序文件的管理、传输、编辑及图形检验等。

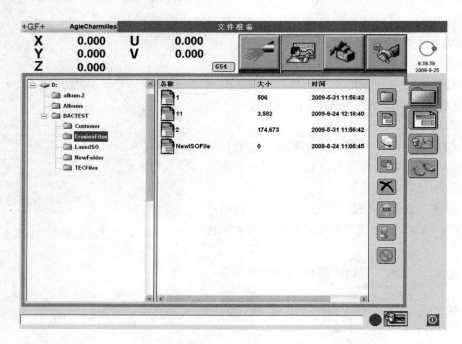

图2–14 "文件准备"页面

一、选择文件

用于NC文件及目录的新建、拷贝、粘贴、删除、重命名、文件夹共享、添加/删除共享路径等。如图2–14所示，"文件准备"页面上各主要按钮的功能如下：

新建文件夹　　　　　　删除文件

38

新建文件　　　　　　　　重命名

复制　　　　　　　　　　添加一个共享路径

粘贴　　　　　　　　　　删除一个共享路径

以上按钮均可按 Windows 系统下的操作方式，通过鼠标点击，执行相应操作。

1. 新建文件夹

（1）选择新建文件夹的位置，如 D:\BACTEST；

（2）单击"新建文件夹"　　　按钮；

（3）点击"重命名"　　　按钮，重新命名新文件夹；

（4）输入文件夹名称。

2. 新建 NC 文件

（1）选择新建 NC 文件的位置，如 D:\BACTEST\ErosionFiles；

（2）单击"新建文件"　　　按钮；

（3）单击"编辑文件"功能按钮，进入如图 2-15 所示的"NC 文件编辑"页面；

（4）输入 NC 程序代码；

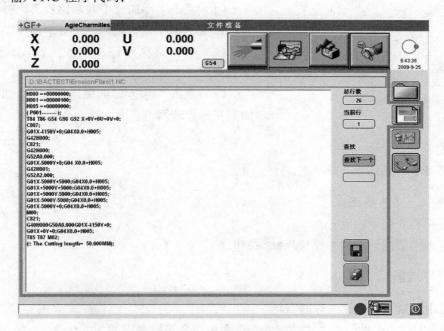

图 2-15 "NC 文件编辑"页面

（5）编辑完成后，点击"保存"按钮，新创建的 NC 文件即可保存在当前文件夹内。或点击"另存为"按钮，输入要保存的文件名称，点击"确定"按钮即可保存在当前文件夹内。

3. 文件的复制、粘贴

（1）选择需要复制的文件；

（2）点击"复制" 按钮；

（3）选择目标文件夹（文件不能在同一目录下被复制）；

（4）点击"粘贴" 按钮；

（5）复制好的文件即出现在目标文件夹内。

4. 删除文件

（1）选择需要删除的文件；

（2）点击"删除" 按钮。

5. 文件的重命名

（1）选择需要重命名的文件；

（2）点击"重命名" 按钮；

图2-16 "添加一个共享路径"对话框

（3）输入新的文件名。

6. 添加一个共享路径

（1）点击"添加一个共享路径" 按钮，显示如图2-16所示"添加一个共享路径"对话框；

（2）输入共享路径，例如：\\计算机名\共享名；

（3）点击"确定"。如果路径可用，即会被添加到文件管理器内。

注意

请确保网络已连接并正确配置。

7. 删除一个共享路径

（1）选择需要删除的路径；

（2）点击"删除一个共享路径" 按钮。

二、文件准备

本功能用于对 NC 文件进行编辑。

（1）在如图 2-14 所示的"文件准备"页面中选择需要编辑的 NC 文件。

（2）点击"文件准备" 按钮，显示如图 2-17 所示的"编辑"页面。在屏幕的右上侧会显示当前程序的总行数，以及当前光标所在的行。另外，可以在查找功能下侧搜索框内输入所要查找的内容，然后点击"查找下一个"按钮使光标移动至所需的位置。

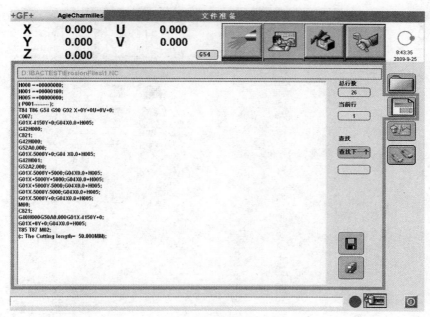

图 2-17 "编辑"页面

（3）输入或修改 NC 程序。程序编辑过程中，可以使用以下 Windows 系统下标准快捷键以加速操作：

Ctrl+C：复制；Ctrl+V：粘贴；Ctrl+Z：撤消；

Ctrl+Home：移动到文件开始地方；Ctrl+End：移动到文件末尾。

（4）编辑完成后，点击"保存"按钮，新建 NC 文件即可保存在当前文件夹内。或点击"另存为"按钮，输入要保存的文件名称，点击"确定"按钮即可保存在当前文件夹内。

三、图形校验

在如图 2-17 所示的"编辑"页面上按下"图形校验" [图] 按钮，将出现如图 2-18 所示的"图形校验"页面。该功能可以对所选 NC 文件进行图形检查，可以检查程序轨迹和实际加工轨迹，可对图形进行平面方式、3D 框架方式或 3D 实体方式显示，并可对图形进行平移、旋转、缩放和局部放大。

1. 各键的功能

如图 2-18 所示"图形校验"页面上各键的功能说明如下：

[图] 平移：选中此按钮，按住鼠标左键并拖动鼠标可对图形进行平移。

[图] 旋转：选中此按钮，按住鼠标左键并拖动可对图形进行旋转。

[图] 缩放：选中此按钮，按住鼠标左键并拖动可对图形进行整体放大和缩小。

[图] 局部放大：选中此按钮，按住鼠标左键并拖动可对图形进行局部放大。

对以上功能，按住并拖动鼠标右键均为平移功能，通过双击鼠标左键返回图形完全显示。

[图] 模拟加工开始/暂停按钮。

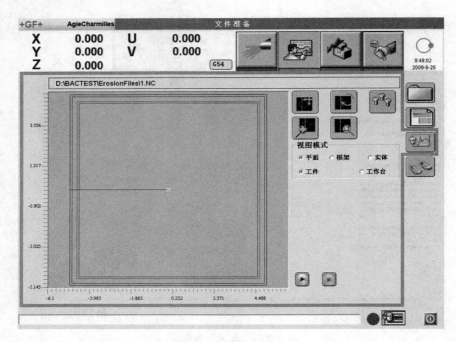

图 2-18 "图形校验"页面

模拟加工停止按钮。

配置各种图形校验选项。

2. 视图模式

平面：显示二维图形。

框架：以框架形式显示三维立体图形。

实体：以实体方式显示零件的三维图形。

工件：按程序视图显示，程序轨迹图形充满整个窗口。

工作台：按工作台视图显示，指示当前程序在整个工作行程范围中的位置。

3. "配置"按钮的功能

点击"配置" 按钮，将出现如图 2-19 所示的"图形校验配置"对话框。"图形校验配置"对话框中各项参数和图标的意义如下：

工件高度：加工锥度的程序应设置工件高度，单位为 mm。

缩放比例：显示或设置图形的缩放比例。

主程序面高度：用于设置工件下表面距工作台面的高度。

模拟速度：用于选择模拟加工的速度，低速、中速、高速。

颜色设置：设置图形轨迹的颜色。

刷新 点击"刷新"按钮，所做配置修改生效。

默认 点击"默认"按钮，恢复系统默认的配置。

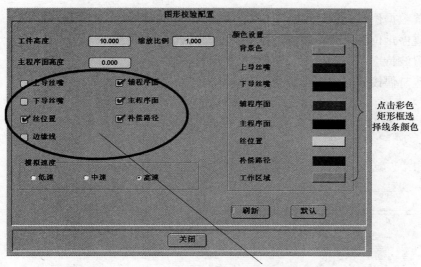

选择需要显示的图形轮廓

图 2-19 "图形校验配置"对话框

[关闭] 点击"关闭"按钮,退出"图形校验配置"页面。

四、通信

在如图 2-17 所示的"编辑"页面上按下"通信" [图] 按钮,将出现如图 2-20 所示的"通信"页面。该功能用于传输 NC 文件。

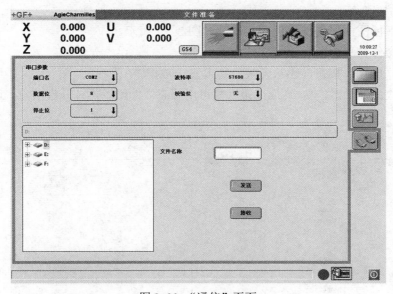

图 2-20 "通信"页面

1. 串口参数设置

(1) 设置端口,选择 COM2 端口。

（2）设置数据位，一般设置为 8 位。

（3）设置停止位，一般设置为 1 位，工作站与机床必须一致。

（4）设置波特率，一般使用默认设置 57 600（波特率越大传输越快）。

（5）设置奇偶校验，一般设置为无。

2. 发送文件

（1）从左下树图中选择需要传输的文件，"文件名称"框中即可显示所选文件，如图 2–21 所示。

（2）点击"发送"按钮（发送之前对方电脑要准备好接收）。

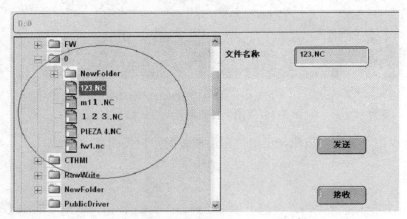

图 2–21 "文件名称"框中显示所选文件

3. 接收文件

（1）从左下树图中选择文件保存路径，如图 2–22 所示。

（2）在"文件名称"框中输入文件名称。

（3）点击"接收"按钮，再从外接设备上发送数据。

（4）当接收到文件时，"发送"按钮恢复可用状态。关闭后再打开根节点，可以看到接收到的文件。

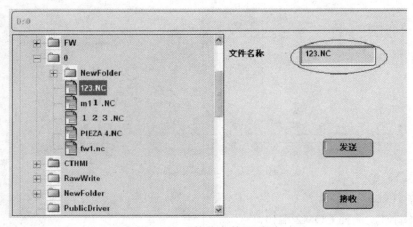

图 2–22 "接收文件"页面

任务五　放　电　加　工

"放电加工"功能用于启动一个程序放电加工,并可以显示加工状态和跟踪加工轨迹。另外,此页面下还可执行手动放电功能。

一、放电加工

"放电加工"功能用于选择加工所需的 NC 文件,设置加工选项,启动加工或中止加工及手动放电,等等。在如图 2–18 所示的"图形校验"页面上点击"放电加工"按钮,将出现如图 2–23 所示的"放电加工"页面。

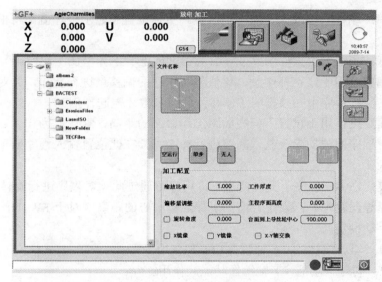

图 2–23　"放电加工"页面

1. 文件选择区

在 D 盘内选择加工文件,所选的文件名称显示在"文件名称"数据框内。

2. 按钮的功能

启动、停止加工。

手控盒也可控制启动和停止加工:按手控盒上的 键开始放电加工, 是停止键, 是暂停键。

按手控盒上的停止键,屏幕上会出现提示框,询问是否停止加工,点击"确定",停止加工,若点击"取消",系统按暂停加工处理。

在自动加工过程中,点击暂停键后,除不能设置参考点外,其他功能均可正常使用。

键对当前几何程序进行空运行检查;加工暂停时,点击"Dry"按钮,指示灯亮,按手控盒上的 键开始空运行。

单步 单步：从起点开始，单段执行程序。在该状态下，可以检验 NC 程序的运行状况。

无人 无人：当程序执行完成后，强电电源自动切断。

⌐⌐ 回加工暂停点：当暂停或断丝时，可移动轴脱离加工轮廓，按 **⌐⌐** 回暂停点，轴移动的顺序是先出后回式（按移动顺序相反的方向返回）。

回加工起始点：回到最后一个 G92 设定的点。加工中断（暂停或断丝）时，可通过按下 **⌐⌐** 按钮使电极丝移动至加工起始点；此时按下手控盒上的启动键 **■** 后，系统会提示"是否从起始点加工"，若"确定"，则从起始点重新开始加工；否则系统提示回暂停点后再按手控盒上的启动键 **■** 启动加工。

3. 加工配置

缩放比率：编程轨迹放大、缩小的倍数。实际位置和显示坐标值都将根据此比率进行缩小、放大。

工件厚度：指待加工工件的厚度（只对锥度或上、下异型加工起作用）。

偏移量调整：用于修正补偿量，该值将与程序的偏移量进行叠加，并对工件的最终尺寸产生影响（注：程序中必须指明了偏移方向该参数才能起作用）。

主程序面高度：用于设置下程序面距工作台面的距离，默认值为 0。对于锥度或异型加工时，如下程序面被抬起至某一高度进行加工，须在此位置输入程序面抬高的距离，并按回车键，确认。

旋转角度：在 NC 程序不变的情况下，用户可通过此项对程序进行旋转加工。

台面到上导丝轮中心：设定台面到上导丝轮中心的距离（对于 FW1U，因 Z 轴为非数控，此值需手动设定）。

X 轴镜像：勾选该功能，X 轴镜像功能起作用。

Y 轴镜像：勾选该功能，Y 轴镜像功能起作用。

X–Y 轴交换：勾选该功能，X–Y 轴交换功能起作用。

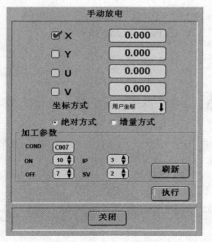

图 2–24 "手动放电"对话框

4. 手动放电

点击如图 2–23 所示的"放电加工"页面的"手动放电" **▦** 按钮，将显示如图 2–24 所示的"手动放电"对话框。

（1）选择需要的坐标方式和移动方式。

（2）选择相应轴向，并输入终点的坐标。

（3）在"加工参数"内 COND 中选择所需的"加工条件号"，按键盘上的"回车"键，ON/OFF/IP/SV 自动刷新为该加工条件号的默认内容。

加工前或加工过程中，可以对默认的放电参数进行修改，并按刷新按钮使更改生效。

（4）按下执行键，然后按下手控盒上的开始键才能执行手动切割功能。此操作方式与自动放电功能的操作方法基本相同，但手动放电时，机床在暂停状态不能移动各坐标轴，可以暂停，并通过按 █ 键继续加工。

注意

在加工锥度或上下异形时，UV 的机械坐标和用户坐标请清零。

二、加工状态

"加工状态"页面如图 2-25 所示，用于显示当前的加工参数等，需要时也可以对当前加工参数进行修改。程序及加工轨迹的显示及调整参见"编辑文件"页的"图形校验"。

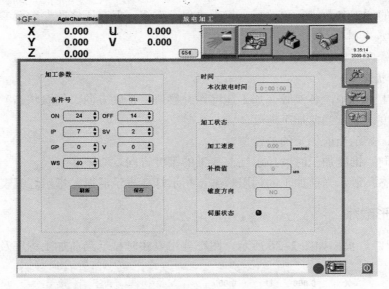

图 2-25 "加工状态"页面

1. 加工参数

显示当前加工进行的加工条件号，以及相应的工艺参数。可以通过点击其后的下拉箭头进行选择，以便在不同的加工阶段对所使用的放电参数进行切换、检查和修改。以下对各项加工条件做简要说明：

ON：设置放电脉冲时间。其值为（ON+1）μs，最大为32μs。

OFF：设置放电脉冲间隙时间。其值为（OFF+1)*5μs，最大为160μs。

IP：设置主电源电流峰值，从 0.5 到 9.5，小数点后的数字表示选择 0.5 只管子。小数点后的值在 0～4 认为是 0，如在 5～9 则认为是 5。找边时 IP 为 0.5。

SV：设置间隙电压，以稳定加工，最大值为7。

GP：矩形脉冲与分组脉冲的选择，最大值为2。其中，0：矩形脉冲；1：分组脉冲 I；2：分组脉冲 II。

V：电压选择，最大值为1。

对于 FW1U 系统机床：0：常压选择；1：低压选择。接触感知时选为1。

对于 FW2U、FW3U 机床：0：常压选择；1：高压选择。接触感知时选为 0。

V 值只能在非加工状态下修改。在加工中不能修改 V 值，只能用选定的常压或低压加工。

WS：丝速设定，最小值 10，最大值 50，十进制数值即代表所设定丝筒电机运转的频率。建议不要更改 WS 选项，这样有可能造成断丝。

2. 刷新

对当前的加工参数进行更改后，点击"刷新"钮，即可使当前参数所做修改生效。此修改只在当前加工中起作用。

3. 保存

对当前的加工参数进行更改后，点击"保存"钮，保存所修改参数至参数库。

4. 本次放电时间

显示本程序放电加工的时间（小时：分钟：秒）。

5. 加工状态

显示加工过程中，各参数（加工速度、补偿值、锥度方向、伺服状态）状态。

加工速度：显示当前加工速度。

补偿值：显示当前加工的补偿值。

锥度方向：锥度加工时，显示当前加工的锥度方向。

伺服状态：显示当前加工的伺服状态，指示灯亮表示后退，指示灯灭表示前进。

三、图形跟踪

"图形跟踪"页面如图 2-26 所示，跟踪屏用以实时显示当前加工程序及其轨迹。

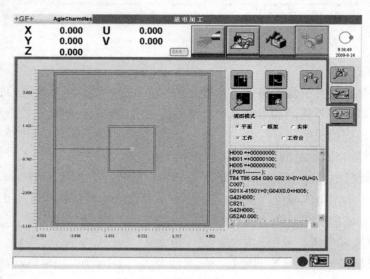

图 2-26 "图形跟踪"页面

图形跟踪过程中，界面右下角会同时显示加工程序。

配置方法如下：

（1）点击"配置"按钮，出现如图 2-27 所示的"跟踪配置"对话框。

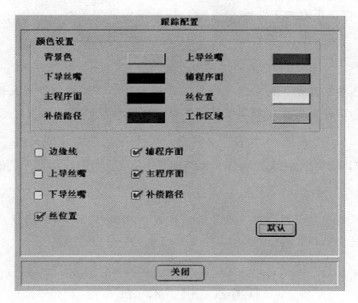

图 2-27 "跟踪配置"对话框

（2）选择欲显示的图形轨迹，并设定好各种轨迹的颜色，或者点击"默认"按钮恢复机床的默认设置。

（3）点击"关闭"按钮退出此对话框。

四、加工暂停

在加工中遇到暂停（M00 或按手控盒 ⏸ 按钮）和断丝时，可使用手控盒移动 X、Y、Z 轴（FW1U 为 X、Y 轴），当按 ⏸ 键继续加工后，X、Y、Z 轴会自动回到暂停点继续加工。

 注意

当移动轴后，回到暂停点的移轴顺序与手动移出时各轴的首次移动顺序相反。例如，暂停点为 $P(0, 0, 0)$，先用手控盒移出顺序为 X→$P(5, 0, 0)$，Z→$P(5, 0, 10)$，Y→$P(5, 10, 10)$，X→$P(10, 10, 10)$；此时回暂停点的顺序为 Y→$P(10, 0, 10)$，Z→$P(10, 0, 0)$，X→$P(0, 0, 0)$。不管用手控盒如何移轴，回暂停点只是各移动一次 X，Y，Z 轴，因此建议在可能发生碰撞时，应通过手控盒将坐标轴移回至暂停点附近，再按回暂停点键自动移回暂停位置。

五、掉电保护

本系统提供掉电保护功能。在加工时如果突然发生掉电，系统会将当时的加工状态记录下来，包括坐标参数等。在下一次开机后提示：从掉电处开始加工吗？按"确定"键继续，按"取消"键退出；若继续加工，则自动进入放电加工画面。这时，如果用户想从掉电处开始加工，按 ■ 键，则系统将从掉电处开始加工，如果按 ✍ 键则退出加工。

注意

在掉电后不要轻易动工件和丝，否则在开机后继续加工时会产生很长回退，影响加工效果，甚至使加工停止。在非加工时掉电，系统将记住当时 X、Y、U、V 轴的绝对值及一些参数状态。

有的参数如 X 轴镜像，Y 轴镜像，XY 轴交换，缩放比例等将置为初始态。

注意

掉电保护只是一种补救措施，由于其可能发生在加工的任何时间段，故上电时请仔细检查轨迹是否发生偏移，再进行加工。

任务六 机 床 配 置

点击"机床配置" ✍ 按钮，将出现如图 2-28 所示的 "机床配置"页面，通过"机床配置"页面，用户可以根据需要对机床的界面语言、测量单位等参数进行设定。

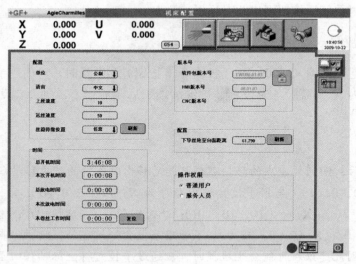

图 2-28 "机床配置"页面

一、用户配置

1. 配置

（1）单位。点击矩形框右侧的下拉箭头 ⬇，可以选择所需的测量单位（公制、英制）。

测量单位改变后，相应的数值也会重新计算。本系统可以支持公制和英制两种测量单位。选用公制单位时，有关长度的数字，小数点后均显示 3 位，即×.×××；选用英制单位时，有关长度的数字，小数点后均显示 5 位，即×.×××××。

（2）语言。点击语言矩形框右侧的下拉箭头 ↓，可以选择系统界面所需语言。目前，本系统配有中文、英文、西班牙、葡萄牙四种语言。

（3）上丝速度。在非加工状态下，通过丝筒运行开关控制的手动运丝速度，主要用于上丝操作。设定值：10～25Hz。

（4）运丝速度。通过手控盒运丝按钮启动不同速度的运丝。设定值：10～50Hz。

（5）丝筒停靠位置。运丝停止后丝筒停靠位置（左边、右边、任意），默认为任意位置。丝筒停靠位置如图 2-29 所示。

图 2-29　丝筒停靠位置

 注意

面对丝筒，定义丝筒停靠位置左边或右边。

当选定丝筒停靠位置后（左边或右边），在以下三种情况下丝筒会自动停靠在所选位置。

（1）用手控盒运丝并停止。

（2）在自动加工中遇到 M02。

（3）自动加工且为补偿取消状态时遇到 M00。

注：上述参数更改后需要按下刷新按钮才能使更改保存并生效。

2. 时间显示

总开机时间：显示自某一时刻至今开机所用时间总和（小时：分钟：秒）。

本次开机时间：显示本次开机所用时间（小时：分钟：秒）。

总放电时间：本机所有放电时间的累计（小时：分钟：秒）。

本次放电时间：显示本程序放电加工的时间（小时：分钟：秒）。

本卷丝工作时间：显示本卷丝的实际放电加工时间（小时：分钟：秒）。

在新上一卷丝时，应点击 　复位　 按钮，将运丝时间清零。

3. 版本号

提供机床的软件版本及硬件版本信息，以便用户查看。

4. 解密

（1）当使用权限还有 3 天到期时，系统会显示以下提示内容：

【10090】：机床权限即将到期，请与供应商联系。

（2）当使用权限到期时，系统提示：

【10089】：未经授权禁止使用机床，请与供应商联系。

（3）解密步骤：

1）进入机床配置界面，在"机床配置"页面上点击"解密" 按钮，如图 2-30 所示。

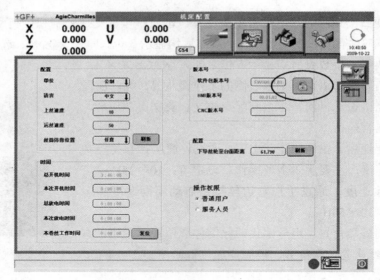

图 2-30 "解密"页面

图 2-31 "解密"对话框

2）点击解密锁后弹出如图 2-31 所示的"解密"对话框。

3）把序列号框中的数字如界面显示的"894653522"发送给服务人员。服务人员将发回一组密码，把密码输入到密码框中，点击解锁按钮，如果密码正确，会提示解密成功。如图 2-32 所示。

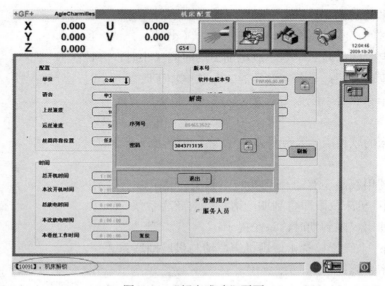

图 2-32 "解密成功"页面

5. 配置

下导丝轮至台面距离：设定下导丝轮中心到工作台面的距离。此参数在出厂时已经配置好，一般不需更改；但当下臂碰撞或维修后应重新进行检测和设定。

注：上述参数更改后需要按下刷新按钮才能使更改保存并生效。

6. 操作权限

提供"普通用户"和"服务人员"两种操作权限。

操作权限中的"服务人员"选项，用于对机床硬件进行配置，该配置只对服务人员开放，且需要输入密码才能进入。

二、条件参数

在"机床配置"页面上点击"条件参数" 按钮，将出现如图 2-33 所示的"条件参数"页面，通过该页面用户可以对加工条件进行修改。

1. 用户自定义条件

建议用户不要随便修改出厂时默认的加工条件，除非你有丰富的加工经验。如果你认为该修改的加工条件比较有用，之后工作中经常要用，那么建议你将所修改的条件保存在用户自定义条件区 C901～C940。

如果你对修改的加工条件把握不大，则建议你不要存盘，以免影响你以后的加工效果。

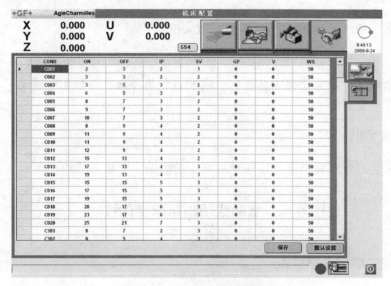

图 2-33　"条件参数"页面

2. 多次切割参数

加工参数 C821～C823，C821 为主切参数，C822 为第一次修切参数，而 C823、C824 为第二次修切参数。

3. 加工条件的修改

参数表中固定的加工条件，是经过大量的工艺实践证明的加工效率及粗糙度都比较稳定的加工条件。如果修改固定加工条件后不存盘，则修改后的加工条件只在本次开机状态起作用，下次开机又回到修改前的状态。加工过程中修改的加工条件，只对本次加工有效，本次加工结束后加工条件恢复为之前保存的状态。如果修改参数表后进行了存盘操作，则新的参数立即生效，即使重新开机也会生效。

4. 恢复默认参数

必要时，可以通过点击 默认设置 按钮将条件参数恢复为出厂时的默认值，但此时除用户自定义条件区 C901～940 外，用户之前所做的更改将全部丢失。

任务七　机床的启停

一、开机

（1）在加电以前，检查蘑菇状的紧急开关（在电柜上和主机上）是否处于释放状态，若不是，请旋转蘑菇头，使其释放。

（2）将电柜主开关调到"ON"的位置。

（3）按下启动开关，电柜开始通电，等几十秒钟，显示器出现正常画面后，启动结束。

二、正常关机

点击屏幕右下角的关机按钮 ⏻ ，即可正常关机。

⚠ 注意

掉电后机床的坐标轴处于自由状态，一定外力作用可使坐标轴发生移动，从而产生丢步，故机床应远离震动源。

三、非正常关机

非正常关机后，重新开机后，请注意屏幕上的提示，并执行相应操作。

任务八　掌握线切割机床操作技巧

一、模具加工中的注意事项

（1）使用前请仔细阅读说明书，并仔细检查一遍各插件与插座接触可靠性。为保证机床长期稳定工作，机床须放 6 只地脚，并调水平。

（2）上线臂升降时必须先松开正面的紧固螺栓，后面螺栓（靠近丝筒的）略松，前面的螺栓调松，再升降上线臂，升降完毕后，必须先紧固后面的（靠近丝筒）螺栓使线臂定位后，再紧固前面的螺栓。

（3）在加工过程中如需切换脉宽开关，应先将高频开关关闭后切换，以防止因开关接触不良而烧坏元器件（大功率管）。每次只能按下一个脉宽开关，在通电状态下不可随意拨换电源插座。

（4）应根据工件的厚度调节线臂高度，可提高加工精度与表面加工质量。上下线臂出水口距工件表面有15～20mm距离，并调节喷水阀使工作液随丝运动带入工件内，切记，喷液压力不可太大，但流量一定要大。

（5）对于非熟练操作工建议参数脉宽选择12μs左右，调节功率管个数与脉间以维持加工稳定性（稳定加工的标准是加工时电流表基本不摆动），如果常向上摆动说明跟踪太快，应减慢；如常向下摆动说明跟踪太慢，应加快。稳定切割电流建议开始熟悉机床阶段控制在2.5～3.0A以内，特别对于厚度超过150mm的工件加工电流应控制在2.5A以下。

（6）必须使用线切割用工作液（DX-1，DX-4，南光-I，闪电系列），并按比例配比，三种工作液均可相互混配。

（7）经常清洁、擦拭机床，保持机床工作在干燥环境中。防止漏电，工作台与床身之间电阻应在60kΩ～100kΩ及以上。

（8）工作电压控制在220～240V，超出此范围应加稳压器。

（9）当导轮有不正常声响跳动、尖啸时等应及时更换、调整导轮、轴承，以防止对加工精度、加工表面质量产生影响，一般2～3个月换一次导轮、轴承。

（10）机床停止运丝时，应停在丝筒钼丝范围两边，以防误操作将钼丝烧断或拉断后，使整丝筒钼丝报废。

（11）丝筒机械脱扣问题。操作时，丝筒后的换向开关挡块必须拧紧，并且每次调节时都须检查一下挡块与接开关距离。如调整不当，有可能丝筒会冲过头，压住中间一个金属开关（总停开关）而停机，或继续前冲直到机械保护起作用（丝筒空转），此时只需停机，用力反向拉丝筒座，同时转动丝筒即可恢复。

（12）加工形状复杂零件时，最好先用一张薄板切一试样，测量正确后再开始正式切割模具，以防报废。

（13）工件装夹完毕后，先不上丝，沿切割工件范围手摇拖板走一遍以防止线架与夹具相碰或行程不够。

二、如何解决大厚度"紫铜件"切割断丝问题

电火花成型机床所用的复杂紫铜电极，必须由线切割机床来加工。由于紫铜件不同于其他钢材料，当厚度超过50mm时，操作者还按加工钢材料工件时使用的电参数及措施来工作，就会发生切割速度慢、电流不稳定、短路多、断丝多等现象。

从目前情况看，有的机床无法对紫铜进行加工，切割时会发生断丝或短路现象。针对以上情况，我们进行了一些分析，供大家参考。

（1）紫铜料软而黏，切割加工过程中，排屑不佳，且二次放电时间长；

（2）紫铜导电性能好，但厚度大，材质不纯。在锻打时，内部有杂质。当钼丝碰上夹杂物时，就容易发生短路现象；

（3）冷却液冲力小，冷却排屑困难，快走丝机床靠一个小油泵循环冷却来维持工作。

在切割大厚度紫铜时，绝大多数机床难以保证上下喷液都能达到钼丝加工点，特别是紫铜，由于材质软而黏，更难保证顺切割缝隙冷却的效果。这样，由于排屑不良，就大大降低了切割速度，更容易断丝；

（4）紫铜反粘钼丝严重。往往是加工时间不长，被腐蚀下来的紫铜细末就会反粘到钼丝的表层，使黑白色的钼丝变成了紫铜色而且变得脆而硬。如果此时丝筒换向不灵，导轮不好，就更容易断丝。

根据以上情况，必须采取相应措施，这些措施主要是：

（1）不能使用已经用过较长时间的乳化液（如切过钢、铝合金、磁钢等），必须用新乳化液。并且最好采用南光–1 乳化皂按 1:20 与水配，或用 DX–1 与 DX–4 的混合液。因为铜材料黏，旧乳化液中的杂质较难被冲掉，还会使紫铜加工时的导电性能受到影响。使用新乳化液就能避免上述现象的发生。并且上述推荐的工作液由于电解性较好，切缝较宽，可以改善切缝中的排屑状况。

（2）消除电流短路现象，当紫铜内夹杂物出现在切割线路中时，加工电流稳定性就会受到影响，使短路现象经常发生，如不正确处理就会断丝。采用大电流大脉宽加工的方法，使功率增大。也就是把高频功率管增多，靠电脉冲的能量击穿比较小的夹杂物。此时，应特别注意脉宽的间隙比也要增大，停歇时间要长。这就是大能量、低速度。如果一旦发生短路，就停止加工进给，利用钼丝上下运动的作用与电蚀量增加、温度升高的原理，降低夹杂物的着附力，使杂质很快被冲掉，从而使电流恢复正常，加工处于稳定状态。

（3）注意装卡方向。一般形状简单，精度要求不高的电极，都采用其他机械加工手段来完成。但是精度要求高且形状复杂、厚度又大的电极在装卡时，应该把切割路线最短的一面装卡在第三象限，也就是 X–方向，钼丝尽量少走 X–方向，让第三象限尺寸走得越短越好，这样也可以减少断丝。

（4）停止工作时，用新煤油把丝筒上的丝清洗一遍，使反粘在钼丝上紫铜线末大量减少，等下次开机继续使用时，效果就会更好。

三、克服切割件变形和裂纹的几点措施

（1）切割凸模时，在凸模坯料中要钻凸模外形起点的穿丝孔，以免从坯料外切入而使材料切开变形，影响凸模尺寸。

（2）凸模坯料大小，要根据凸模图形大小确定；在一般情况下，图形应位于坯料中部或离毛坯边缘较远而不易产生变形的位置上，通常所切割图形边距材料边 10mm 以上。

（3）从节约材料角度出发，较大的凸模不宜再钻起点穿丝孔而只有从坯料外切入。切割时，一定要根据图形特点、起割点位置、程序走向和变形方向多次更换夹压点，改变传统的一次夹压割完工件的习惯。

（4）在图形允许的情况下，大框形凹模的清角（尖角）处要增加适当大小的工艺圆角 R，以使应力集中有所缓和，如图 2–34 所示。

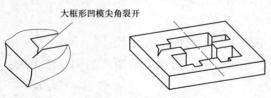

图 2–34　大框形凹模

（5）易变形凹模（特别是细长件）在淬火前要将中部镂空，一般情况下留切割余量2～3mm，以改善淬火中表面温差状况，这样也减小了坯料中的切除量，可达到防止变形的目的。

（6）切割凸模前，用废料切割出30mm×1mm×0.177mm的薄片［如图2-35（a）所示，假设用ϕ0.16mm钼丝切割，线切割切缝ϕ0.18mm左右］。这样在模具切割过程中，边切割边将此薄片插进缝中，间隔距离为10～15mm，以此解决材料弹性变形问题。如图2-35（b）所示。

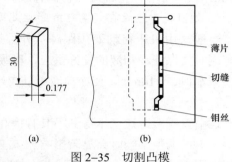

图2-35　切割凸模

（a）薄片切割尺寸；（b）模具切割示意图

（7）对于配合要求高（双面间隙0.04mm以下的）、图形复杂的工件，则采用粗、精二次切割方法，使粗割后的变形量被精割切除（精割量一般为0.3～0.5mm）；由于精割量较小，割后就无所变形了。同时，从稳定组织出发，粗、精割后都要进行回火，回火时间为2～4h，温度为180℃。

四、加工中常见问题处理方法

1. 乳化油冲液后不乳化怎么办

在乳化油的生产过程中一般都会加入一些挥发性的稳定剂，如果在生产过程中不能按工艺要求操作或者使用了劣质的基础油作为原料都有可能产生这种现象，处理这个问题的最简单的办法就是加入一些可以乳化的乳化油，搅拌后就可以使其乳化，或者加入一些酒精，比例控制在1%～2%。

2. 工件切割不动怎么办

在实际切割过程中经常会遇到工件切割不动的情况，有时根本无法切割，这种情况一般发生在高厚度切割或切割像不锈钢等难加工材料时，其根本的原因就是工作液不具备良好的拍除蚀除产物的特性，应急的办法是加入一些洗涤精或者将工作液的浓度增加，但最根本的办法是换用好的工作液（在某些地区由于使用硬水冲液也会产生割不动的问题）。

3. 钼丝正反向切割时切割的速度不一致，甚至一个方向不走怎么办

这种情况在高厚度切割时往往会遇到，根本原因还是工作液的问题，当然也和其他因素如变频跟踪速度、钼丝张力的均匀一致性等有关。顺便说一句，在切割高厚度工件时最好将变频跟踪打快一点，因为在过跟踪时基本不会断丝，但在欠跟踪时往往会导致加工不稳，引起断丝。

4. 如何减少钼丝在丝筒两端断丝的几率

高速走丝切割钼丝在丝筒两端要频繁换向，所以两端钼丝会反复受到拉力的冲击作用，使两端钼丝受到疲劳损伤，所以为延长钼丝的使用寿命应该隔一个班次（约8h）就将换向行程开关向里移动一点。这种方法在大电流高效率加工时尤其重要。

5. 如何延长钼丝的使用寿命

钼丝在每次与工件间放电的同时自身也会受到损伤，只是程度很小而已，所以在换上新钼丝后最好用小能量的加工参数进行切割（使其损伤小一点），等到钼丝颜色基本发白后再改用正常的大电流进行切割。当然在换好钼丝进行切割之前最好先让钼丝空运行 5～10min，使其原有的内部应力得到释放。

6. 如何减少钼丝在起割点的断丝几率

一般采用机床自动变频跟踪从外部切入工件的方法可以降低钼丝在起割点断丝的几率，同时要保证冷却液的良好供应，以吸收放电爆炸力使钼丝产生的扰动，工件最好距离上下喷水口 5～10mm，使冷却液可以较好地包裹好钼丝。

7. 如何调整变频跟踪速度

调节变频跟踪速度本身并不具有提高加工速度的能力，其作用是保证加工的稳定性。当跟踪速度调整不当时会显著影响加工工艺指标和切割表面质量，并有可能产生断丝。最佳变频跟踪速度调整可参照下述两个依据：

首先，最佳加工电流应是短路电流的 80%左右（在起始加工时可以先用钼丝压在工件侧面然后开高频，此时电流表显示的即为短路电流值），这一规律可用于判断进给速度调整是否合适；其次，可通过电流表指针的摆动情况判断，正常加工时电流表指针应基本不动。如果经常向下摇摆，则说明欠跟踪，应将跟踪速度调快；如经常向上摇摆则说明经常短路，属于过跟踪状态，应将跟踪速度调慢；如指针来回较大幅度摇摆则说明加工不稳定，应判明原因做好参数调节（如调整脉冲能量、工作液流量、走丝系统包括导轮、轴承的状态）再加工，否则易引起断丝。

任务九　学会使用线切割工作液

线切割工作液是线切割加工中的工作介质，其浓度和质量会直接影响加工质量，具体注意事项如下：

（1）对加工表面粗糙度和精度要求比较高的工件，工作液的浓度可大些，为 10%～20%，可使加工表面洁白均匀。加工后的工件可轻松地从废料中取出，或靠自重落下。

（2）对要求切割速度高或厚度大的工件，工作液的浓度可小些，为 5%～8%，这样加工比较稳定，且不易断丝。

（3）对材料为 Crl2 的工件，工作液用蒸馏水配制，工作液的浓度小些，可减轻工件表面的黑白交叉条纹，使工件表面洁白均匀。

（4）新配制的工作液，当加工电流为 2A 左右时，其切割速度为 40mm²/min 左右，若每天工作 8h，使用约两天后效果最好，继续使用 8～10 天后就易断丝，需更换新的工作液。加工时供液一定要充足，并且工作液要包住电极丝，这样才能使工作液顺利进入加工区，达到稳定加工的效果。

项目三

学会操作电火花成型机床

任务一 学会操作 SE 系列电火花成型机床

一、SE 系列电火花成型机的组成

SE 系列电火花成型机的外观及各部分组成如图 3–1 所示。

图 3–1 SE 系列电火花成型机床的外观及组成

1—床身；2—工作液箱；3—主轴箱；4—滑枕；5—强电启动钮；6—电控柜；
7—显示屏；8—弱电启动钮；9—急停开关；10—键盘；11—手控盒

二、手控盒控键及功能

如图 3–2 所示是手控盒示意图。图中各键功能如下：

1. 点动速度选择键

开机时为中速，每按一次该键点动速度按下列顺序变化：中速→单步→高速→中速。当选择了单步挡时，每按一次所选取的轴向键，机床移动 0.001mm。中速和高速各分为 0～9 挡，总共 20 挡。0 挡速度最大，9 挡速度最小，对应速度为 900～10mm/min。

2. 无视接触感知键

当电极和工件接触后，按此键，左上方发光管灯亮后，再按手控盒上的轴向键，能忽

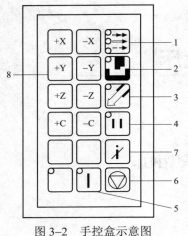

图 3-2　手控盒示意图

视接触感知继续进行轴移动,此键仅对当前的一次操作有效。要取消"无视接触感知"功能可再按此键,左上角灯灭。

3.〔PUMP〕键

打开/关闭工作液泵。若工作液泵当前处于打开状态,按下〔PUMP〕键,则关闭工作液泵。否则打开工作液泵。

4.〔HALT〕键

暂停键,它使得加工暂时停止,此键只在加工时有效。

5.〔RST〕键

恢复加工键。当在加工中,按〔HALT〕键加工暂停后,按此键恢复暂停的加工;按此键可以开始加工,相当于〔ENTER〕键。

6.〔OFF〕键

中断正在执行的操作,对于无 AEC 装置的机床来说该键可以用来关闭电阻箱内的风扇。在加工时,系统会自动打开电阻箱内的风扇,加工结束后,可用此键来关闭风扇,但是不要立即关闭,应当在加工结束 5min 后关闭风扇,以免损坏功率电阻。

7.〔ACK〕确认键

在一些情况下,系统会提示操作人员对当前的操作进行确认,按此键表示确认。

8. 选择点动轴及方向键

共 8 个按键。轴及其方向的定义如下:

面对机床,左右方向为 X 轴,前后方向为 Y 轴,上下方向为 Z 轴。相对于主轴(电极)的运动方向而言,向右为 X+,即 X 轴的正向,向左为 X−,即 X 轴的负向;向前为 Y+,即 Y 轴的正向;向后为 Y−,即 Y 轴的负向;向上为 Z+,即 Z 轴的正向,向下为 Z−,即 Z 轴的负向。电极逆时针方向旋转为 C+,即 C 轴正向;顺时针方向旋转为 C−,即 C 轴的负向。

三、准备屏(Alt+F1)设置

准备屏用来进行加工前的准备操作,可用于回机械原点、设置坐标系、回到当前坐标系的零点、移动机床、接触感知、找中心等操作。准备屏共分 5 个区,如图 3-3 所示。

1. 原点

回到机械坐标系的零点,X 轴、Y 轴和 Z 轴的原点在各轴的正极限处。

移动光标至"原点"图标并按 Enter 键确认或按 F1 键进入"原点"界面。移动光标选择原点的轴(单轴或三轴)后,按 Enter 键执行。选择"三轴"时,执行回原点的顺序为 Z 轴、Y 轴、X 轴。

2. 置零

把当前点设为当前坐标系的任一点。开机后,若没有返回上次的零点就进行置零操作,系统会提示操作者"确认后再置零"。

移动光标至"置零"图标并按 Enter 键确认或直接按 F2 键进入"置零"界面,移动光

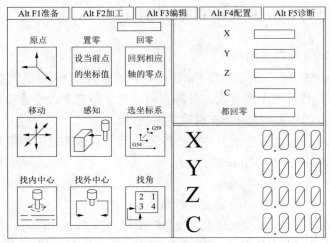

图3–3　准备屏

标选择轴（*X*、*Y*、*Z*）或"都置零"后按 Enter 键执行。

3. 回零

回当前坐标系的零点。

移动光标至"回零"图标并按 Enter 键确认或直接按 F3 键进入"回零"界面，移动光标选择要回零轴（*X*、*Y*、*Z*）或"都回零"后按 Enter 键执行。

4. 移动

有绝对（当前坐标系零点为参考点）和增量（当前点为参考点）两种方式。

移动光标至"移动"图标并按 Enter 键确认或直接按 F4 键进入"移动"界面，选定需要移动的轴，用空格键来选择移动的方式（绝对或增量）并在输入数值后，按 Enter 键执行。

5. 感知

通过电极与工件接触来定位。

移动光标至"感知"图标并按 Enter 键确认或直接按 F5 键进入"感知"界面，用↓或↑键选择感知方向，用空格键选择感知速度（回退量是指感知后向反方向移动的距离。感知速度有 0～9 共 10 挡，0 挡最快，9 挡最慢，若为细小电极应选低速感知）。

6. 选坐标系

有 G54～G59 共 6 个坐标系，每一个坐标系都有一个零点，可自行设定从而便于多工位加工。

移动光标至"选择坐标系"图标并按 Enter 键确认或直接按 F6 键进入"选择坐标系"界面，用空格键选择坐标系，按 F10 退出此模块。

7. 找内中心

自动确定内孔在 *X* 向、*Y* 向上的中心。

移动光标至"找内中心"图标并按 Enter 键确认或直接按 F7 键进入"找内中心"界面，移动光标来选择 *X* 向行程或 *Y* 向行程，并输入值，用空格键来改变感知速度，移动光标来选择在那个轴上所找的中心，按 Enter 键确定后执行。

8. 找外中心

确定工件在 X 向、Y 向上的中心。

移动光标至"找外中心"图标并按 Enter 键确认或直接按 F8 键进入"找外中心"界面，移动光标来选择 X 向行程或 Y 向行程，并输入值。用空格键来改变感知速度。移动光标来选择在那个轴上所找的中心，按 Enter 键确定后执行。

在找中心前，电极应大致位于工件中心位置，且在其运动范围内没有障碍物。执行完成后，电极位于工件中心上方 1mm 处。

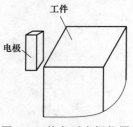

图 3-4 找角后电极位置

9. 找角

自动测定工件拐角。

移动光标至"找角"图标并按 Enter 键确认或直接按 F9 键进入"找角"界面。移动光标来选择 X 向行程或 Y 向行程，并输入值。用空格键来改变感知速度；用空格键选择拐角（有 1～4 个角供选择），选择后按 Enter 键开始执行。

执行完成后，电极位于工件上方 1mm 处（见图 3-4）。

四、自动生成程序及加工屏（Alt+F2）设置

自动生成程序及加工屏，如图 3-5 所示。

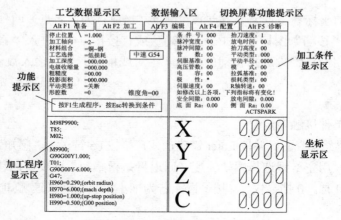

图 3-5 自动生成程序及加工屏

1. 加工屏界面区域功能

（1）工艺数据显示区。显示自动生成程序所需的工艺数据，包括停止位置、加工轴向、材料组合、工艺选择、加工深度、电极缩放量、粗糙度、投影面积、平动类型、型腔数和锥度角。用户在此区可以用 ↓ 或 ↑ 键来移动光标至目标项来设置工艺参数。

（2）加工程序显示区。显示当前内存中的程序，红色表示当前运行段。移动光标或按 F8 键进入该区，按 Enter 键开始加工。

（3）加工条件显示区。显示加工条件内容。加工中按 Esc 键把光标转到此区，可修改

加工条件。关机后所进行的改动即失效。非加工情况下改动加工条件，按 n 可以存储，成为长期性修改。系统可以存储 1000 种加工条件，其中 0～99 为用户自定义的加工条件，其余为系统自带加工条件。

（4）坐标显示区。实时显示加工中的坐标值。在加工中，加工轴字符下面的数字表示本程序段要加工到的实际深度。

2. 工艺参数的设置

停止位置（每个条件加工完成后，电极回退停止的位置）；

加工轴向（选定轴和加工方向，有 Z+、Z−、X−、X+、Y−、Y+，用空格键选择）；

材料组合（铜–钢、细石墨–钢、石墨–钢）；

工艺选择（低损耗、标准值、高效率）；

加工深度（最终要达到的深度尺寸，最大值为 999.999mm/999.999 9in）；

电极收缩量（电极尺寸与最终尺寸的差值，单位为 mm/in）；

粗糙度（最终表面粗糙度，单位为 μm）；

投影面积（最终是要得到放电部分在加工面的投影）；

平动类型（用空格键选择关闭或打开，即有平动或无平动）；

型腔数（范围为 1～26）；

锥度角（侧边与 Y 的夹角，单位为度）。

3. 平动数据和型腔数据

工艺数据输入完成后，按 F1 或 F2 键自动生成程序。若平动打开，要输入平动数据。

（1）平动类型。有圆形、二维矢量、⌒、▭、◇、×、+共 7 种选择。前两种是伺服平动，即加工轴加工到指定深度后，另外两轴按一定轨迹做扩大运动；其他 5 种是自由平动，即从加工开始，平动轴始终按一定轨迹做扩大运动。

（2）开始角度。圆形及自由平动不需要输入开始角度。如果是二维矢量，则需输入矢量的角度（以 X 正向为起始边）。

（3）平动半径。输入平动的半径或矢量的长度。范围为 0～30mm。

（4）角数。平动轨迹是正多边形时，在此输入多边形的角数，数值为 1～20。

（5）多孔位加工。若型腔数不为 0，按 n 自动生成程序，在输入平动数据后按 F10，出现一个表格，要求输入每个型腔的绝对坐标值，单位为 mm/in。如按 F2 自动生成程序，则表格要求的是 H 寄存器的号，移动距离则已存入指定的 H 寄存器中。表格分两页，每页可输入 13 个型腔的数据，用 PageDown、PageUp 键翻页。

（6）多孔位加工方式。以一个条件依次加工完所有型腔，再转换下一个条件。

4. 半自动编程

在加工屏按 F5 进入半自动编程。在数据区输入相关操作，如果编程内容是调用已知程序，此处输入程序号；如果是移动等动作，输入具体值；如果是加工，输入加工深度后再回车，出现一个辅助界面，需要输入加工条件号、平动类型、开始角度、平动半径、角数、间隙补偿等数据，然后按 F1 生成程序并返回，若按 F10 则不生成程序并退出。

五、编辑屏（Alt+F3）设置

编辑屏提供了 NC 程序的输入、输出等操作。编辑屏用 ISO 代码进行编程，在回车处自动加"；"号。用键盘或磁盘输入，用磁盘或打印机输出。可编辑的 NC 文件最大为 58K。

1. 各编辑键功能介绍

（1）↑、↓、←、→光标移动键：上下左右移动光标。

（2）Del 删除键：删除光标所在处的字符。

（3）BackSpace（←）退格键：光标左移一格，并删除光标左边的字符。

（4）Ctrl+Y：删除光标所在处的一行。

（5）Ctrl+E：光标移到行尾。

（6）Ctrl+H：光标移到行首。

（7）Ctrl+I：插入与覆盖转换键，屏幕右上角的状态显示为"插入"时，在光标前可插入字符。当状态变为"覆盖"时，输入的字符将替代原有的字符。

（8）PageUp 与 PageDown：向上翻一页或向下翻一页。

（9）Enter 回车键：结束本行并在行尾加"；"号，同时光标移到下一行行首。

（10）Esc 键：退出当前状态。

2. F 功能键介绍

（1）装入（F1）：将 NC 文件从硬盘 D 或软盘 B 装入内存缓冲区。选定驱动器后，将显示文件目录，再用光标选取文件后回车。

（2）存盘（F2）：将内存缓冲区的 NC 文件存入硬盘 D 或软盘 B。如无文件名，系统会提示输入文件名。文件名要求不超过 8 个字符，扩展名".NC"会自动加在文件名后。

（3）换名（F3）：更换文件名。如果新文件名与磁盘已有的文件名重名，或文件名输入错误，将提示"替换错误"。

（4）删除（F4）：将 NC 文件从硬盘 D 或软盘 B 中删掉。

（5）串口入（F5）：通过串行口接收外部传来的程序，接收的程序放在缓冲区，原缓冲区的程序将自动清除。在接收过程中按任意键可终止接收。如图 3-6 所示为串行通信连接线接法。

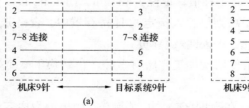
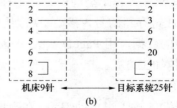

图 3-6　通信串行口的接线

（a）机床 9 针←→目标系统 9 针；（b）机床 9 针←→目标系统 25 针

（6）串口出（F6）：把程序通过串行口发送出去。

（7）打印（F7）：用户可选项，标准系统不提供。

（8）清除（F8）：清除 NC 程序区的内容。

六、其他屏设置

1. 配置屏（Alt+F4）

配置屏用于设置系统的配置及运行中的一些系统参数。可设置语言选择，X、Y、Z 轴分辨率，有无 C 轴，计量单位，最大电流，XYZ 轴反向间隙，C 轴反向间隙，点动各速度，感知反向行程，感知次数，感知速度，抬刀速度，无人，KM1 控制等内容，用光标选取，空格键转换或输入数据。

2. 诊断屏（Alt+F5）

诊断屏提供了检查机床状态的诊断工具，同时显示机床的各种信息，以便进行诊断和维护。

3. 参数屏（Alt+F6）

提供 X、Y、Z 机械坐标显示及编码器的位置、加工时间等参数。

4. 螺距屏（Alt+F7）

各轴螺距补偿均记录在此屏。

5. 补偿屏（Alt+F8）

此屏可浏览 H 补偿码的值。

七、机床操作

1. 机床的操作过程

（1）开机准备。合上电柜右侧总开关，脱开急停按钮（蘑菇头按箭头方向旋转），启动。约 20s 进入准备屏后，执行回原点动作。未进入准备屏之前，不要按任何键。

（2）返回机床的绝对零点。选择回原点模块并按 Enter 键确认，系统按 Z 轴、Y 轴、X 轴的顺序开始回零，当回到原点后，轴显示自动变为零。注意开始执行回零前，应先检查机床回原点的路径有无障碍。操作结束后按 F10 退出回原点模式。

（3）安装电极和工件。工件和电极的安装方法取决于所使用的装夹系统，在工作台面上设有螺纹孔。

（4）将主轴头移动到加工所需位置。升起 Z 轴，以使主轴头沿 X、Y 向移动时不发生碰撞，并根据需要将主轴头移至所需位置。

（5）编程。按 Alt+F2 键进入加工屏，输入或者选择自动编程的相关工艺数据，生成 NC 文件。按 Alt+F3 进入编辑屏，手工编辑 NC 文件，也可以装入一个现成的 NC 文件进行修改。

（6）自由平动。自由平动是在原轴加工时，其他两轴反复进行特定程序的合成动作的加工方法。此合成运动简称平动，平动参数有平动方式和平动半径。

（7）抬刀。抬刀在数控电火花成型机中普遍采用，它使放电的极闸进行循环地开闭，以利于排屑。在本系统中，抬刀有两种形式，一种是用户指定抬刀轴向，如通过代码选择；另一种是沿原加工路径进行，这是一种缺省方式，也可通过代码指定选择。抬刀还分为定时抬刀和自适应抬刀。

（8）加工条件。本系统拥有 1000 种加工条件。其中 0～99 为用户自定义的加工条件，其余为系统自带加工条件。每一个加工条件是一组和放电相关的参数组合，其中参数定义很多。

（9）向液槽中加工作液。

1）扣上加工液槽门扣，关闭液槽。

2）闭合放油手柄，旋转后下压。

3）按手控盒上 Pump 键或在程序中用 T84 代码来打开液泵。

4）用调节液面高度手柄调节液面的高度，工作液必须高出加工面最高点 50mm 以上。

（10）开始加工。

1）进入第二屏加工屏面，用↑、↓键或按 F8 键把光标移到程序显示区，如图 3-5 所示。

2）移动光标到要开始加工的程序段，按 ENTER 键或手控盒上的 Pump 键。

3）若未回到上次关机时的零点，系统会进行提示，让用户选择是继续加工还是停止加工；并对液面高度和油温等进行检测，若液面达不到设定值或油温高于设定值系统也会进行提示。

（11）加工过程中的操作。

在系统进行加工时，用户对加工进行如下的操作：

1）更改加工条件。按 Esc 键把光标移到加工条件显示区，用户可对加工条件各项进行修改，以适应不同的加工，用→、←、↑、↓键来移动光标进行选择更改项，用输入数值或+、−号来更改条件的内容。更改完成按 Esc 键，光标回到程序显示区。在更改条件时，坐标显示会停止，但加工并不停止。加工中修改的参数只对本次加工有效，本次加工结束后，各参数自动恢复为加工前的值。即使加工中按 n 也不能把修改过的值存入系统中，即 F1 在加工中无效。

2）暂停加工。按手控盒上的［HALT］键来暂停加工。暂停后可以按手控盒上的+Z、−Z、+X、−X、+Y、−Y 键来把电极从加工处移开，以便清扫或观察。但精加工中不能清扫加工区，否则会破坏原始加工状态，造成加工不稳定。按 RST 键后，会按自动移开的路径返回到停止加工点，并继续进行加工，按 ACK 键结束加工。若在平动中按 ACK 键结束加工后，电极不会自动回到平动中心，若下次要继续加工时，应先让电极回到平动中心后再进行。

3）停止加工。按手控盒上的 OFF 键来停止加工。

（12）生成用户自定义的加工条件。此功能允许用户生成自己的加工条件，并将其存入内存，用户自定义的加工条件编号范围为 000～099。一旦生成，用户可以像使用原数据库中的加工条件一样去使用自定义的加工条件。

加工条件的生成步骤如下：

1）进入第二屏（加工屏），按 Ese 键，把光标移到加工条件显示区的"条件号"处。

2）输入一个条件号，条件号最大为 3 位十进制数字，若有内容，则显示内容，若无内容，则全显示 0。

3）用 ↑、↓ 键把光标移到条件的各项处，输入数字后，按 ENTER 键。各项全部都输入完成后，按 F1 键，即把自定义的加工条件存入了计算机的硬盘中，以后就可以使用了。加工中按 F1 键无效。

加工条件的更改：所有加工条件都可以在第二屏幕随时更改，但只有在不加工时，才能按 F1 键，将修改过的参数存入系统。注意按 F9 两次调入出厂前的标准；按 F10 两次调入用户自定义加工条件。

2. 掉电后的恢复

掉电后若要回到掉电前加工处的零点，则必须具备的条件为：所有轴均回到了机床的原点，因为每一个零点的坐标都是以机床原点为参考点的；所有轴均设定了零点。

方法：电源恢复后，打开机床电源开关；将所有轴回原点；进入第一屏（准备屏）把光标移到回零模块处，按 Enter 键，选择回零的轴，然后按 Enter 键，为了避开工件，用户可以用手控盒把机床移到指定点，然后再进入回零模块选择适当回零的轴，再开始回零。

3. 手动加工

手动加工指由用户指定一个加工的轴向，输入加工的深度和放电加工的条件号后，进行单段加工的方式。在加工画面下按 F9，即出现如图 3-7 所示的手动加工画面。

（1）加工轴向。用空格键来进行选择，有 Z-、Z+、Y-、Y+、X-、X+共 6 种轴向可供选择。

（2）加工深度。加工后的深度（增量坐标）。

（3）加工条件号。放电加工的条件号。

（4）加工开始。当光标在此项时，按 Enter 键，此项会变成黄色，即开始加工。加工中的所有操作和非手动加工方式一样。

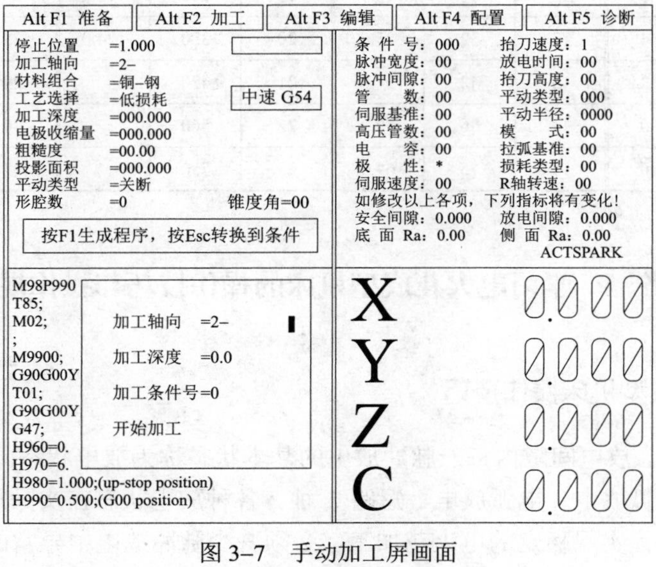

图 3-7 手动加工屏画面

4. 使用自动生成程序系统编程

本系统可自动生成单轴单个电极加工带平动的加工程序。操作方法如下：

按 Alt+F2 键进入加工屏。移动光标到"加工轴向"挡。按空格键，选择加工的方向（Z±、X±、Y±）。输入投影面积、选择材料组合（铜–钢、细石墨–钢、普通石墨–钢）、选择工艺（低损耗、标准值、高效率）、输入加工深度（绝对值）、输入电极收缩量（最终形状和电极之间的差值）、输入希望的底面粗糙度值、输入锥度角以及平动类型等参数后，按 F10，即自动生成加工程序。

5. 用半自动生成程序系统进行编程

在第二屏下当光标在工艺数据选择区时（左上部分），按 F5 即进入半自动生成程序模块。可直接输入加工程序号、移动量和加工深度等数据。对加工的其他数据，如加工条件号、平动类型、平动数据的输入，光标移动到第 3 或第 6 列，按 Enter 键后，右下角出现下面的小画面后即可输入相应各项。输入完后，按 F1 键产生程序，并退出半自动编程模式。

八、脉冲宽度、脉冲间隙、管数设定值与实际值对应表

表 3–1 为脉冲宽度、脉冲间隙、管数设定值与实际值对应表。

表 3–1　　　　　　　　脉冲宽度、脉冲间隙、管数设定值与实际值对应表

值	脉宽和间隙时间/μs	电流	值	脉宽和间隙时间/μs	电流	值	脉宽和间隙时间/μs	电流	值	脉宽和间隙时间/μs	电流
0	1	0	8	10	9.4	16	100	76.0	24	1000	□
1	1.3	0.8	9	13	10.0	17	130	88.0	25	1300	□
2	1.8	1.4	10	18	14.2	18	180	100.0	26	1800	□
3	2.4	1.6	11	24	18.4	19	240	112.0	27	2400	□
4	3.2	2.4	12	32	25.6	20	320	124.0	28	3200	□
5	4.2	3.2	13	42	37.0	21	420		29	4200	
6	5.6	4.0	14	56	50.0	22	560		30	5400	□
7	7.5	5.6	15	75	64.0	23	750		31	5400	□

任务二　学习电火花成型机床的操作技巧与操作规程

一、电火花成型机床操作技巧

电火花加工时，放电间隙内每一脉冲放电的基本状态称为放电状态。放电状态有开路、火花放电、过渡电弧放电、电弧放电、短路 5 种。各种放电状态在实际加工中是交替、概率性地出现的。为了实现稳定的电火花加工，必须减少脉冲放电中异常的放电状态，使单脉冲放电过程良性循环。

电火花加工中伴随有一系列派生现象，通过加工过程中的外在表现，可以了解加工的稳定性，发现加工的异常放电状态。正常加工中，观察到的火花颜色通常为蓝白色夹火红，火花细小均匀。加工液面冒无烟小气泡，听到的火花声音清脆、连续。机床的电流表、电压表呈有规律的摆动，伺服百分表匀速进给。加工中每次放电时间、抬刀动作有规律地持续。机床深度检测值呈稳定的递进。反之，加工中放电集中于一处，火花颜色偏红亮，液面冒白烟、大气泡，火花爆炸声音低、沉闷，电流表、电压表指针急剧摆动，据伺服机构急剧跳动的放电不稳定现象可判断可能是电弧放电，这种现象常使电极、工件结炭、烧伤。加工中较正常火花放电状态稍差的是过渡电弧放电，其表现为放电声音不均匀，产生的气泡较正常放电时大一些，电流表、电压表有明显摆动，加工中出现短时放电，频繁抬刀。深度检测值来回变化较大，呈回退往返。过渡电弧放电常发生于精加工中，其破坏性相对较轻，但很容易转变成电弧放电。加工中偶尔出现空载放电（开路）和短路是允许的。空载放电时，火花间隙上有大于50V的电压，但没有电流流过，电流表无显示。短路是放电间隙直接短路相接，间隙短路时电流较大，但间隙两端的电压很小，短路很容易损坏电极，频繁的短路会使工件和电极局部形成缺陷。空载放电和短路都没有对工件起到蚀除加工作用，影响加工速度。根据加工中的稳定状况可以判定加工的放电状态。

放电不稳定的现象破坏了正常的火花放电，易转变成异常放电状态。不稳定的放电也使加工速度明显降低，使加工表面粗糙度不均匀，甚至产生严重的表面质量问题，使电极出现表面缺陷。不稳定放电状态下无规律的火花间隙使加工尺寸无法准确控制，影响加工精度。可见，保证加工中稳定的放电对加工具有重要的意义。

监视观察加工全过程，主要是防止发生拉弧现象，一旦发现出现拉弧倾向，应及时采取一些补救措施。粗加工中，由于放电能量大、火花间隙大、排屑效果好，往往能实现较稳定的加工；精加工则恰恰相反，容易出现放电不稳定现象和拉弧倾向，所以对精加工应特别加以监控。下面介绍出现拉弧倾向加工现象时的一些处理方法。

1. 调整电规准主参数

使用过大的电流、过大的脉冲宽度、过小的脉冲间隙是导致出现拉弧倾向的原因。三者应根据加工的稳定性和加工的工艺指标要求来具体设定选择。在放电不稳定的情况下，首先考虑增大脉冲间隙，可以保证加工的消电离，改善排屑状况，对工艺指标影响也不大。其次考虑减小脉冲宽度，过大的脉冲宽度使加工中短时放电次数过多，加工中来不及消电离，易产生拉弧。另外，还可以调大伺服参考电压（加工间隙）。加工的极性应正确，如果在通常加工中误使用负极性（电极为负极）加工，也会发生拉弧现象，根本无法加工下去，应将加工极性改过来。

2. 修改抬刀参数

加工中出现放电不稳定现象，有拉弧倾向时，首先应想到修改抬刀参数。应该减小放电时间，加大抬刀高度，加快抬刀速度，减小伺服速度。具体参数值的修改以调整到放电状态稳定为准。

3. 清理电极和工件

如果通过修改抬刀参数不能解决问题，发现难以进行加工，可以考虑加工部位是否有过多的电蚀产物。如果有则应暂停加工，清理电极和工件（例如用细砂纸轻轻研磨）后再重新加工。如果已经出现了积炭表面，这一步操作就非常重要，只有把拉弧产物清除干净，才能继续进行加工，否则根本无法加工下去。也可以试用反极性加工（短时间），使积炭表面加速损耗掉。

二、电火花成型机床操作规程

电火花加工是利用电能产生的热来蚀除在工作液中的金属工件，在加工中存在的主要危害有以下几种：

（1）用电危害。电火花加工时工具电极等裸露部分有 100～300V 的高电压，可能对机床操作人员造成电击等事故，另外高频脉冲电源工作时向周围发射一定强度的高频电磁波，若人体离得过近，或受辐射时间过长，会影响人体健康。

（2）环境污染。放电加工过程中，可能会产生有毒气体或烟雾，污染机床周围的空气，危害操作者等机床附近员工的身体健康，同时放电加工过程所产生的废物（如用过的工作液、沉积在工作液中的金属等）都属于特种废物，若直接倒入地下水道，则会污染土壤及地下水。

（3）火灾。电火花机床所用的工作液为易燃品，在放电加工中会产生爆炸性气体或烟雾，故存在发生火灾或爆炸的可能性。

为了人身、设备安全，保护环境，在使用电火花机床时，必须严格按照机床使用手册操作机床，通常情况下，必须遵守电火花机床安全规程和操作规程。

电火花机床的操作规程如下：

（1）安装电火花加工机床前，应选择好合适的安装和工作环境，要有抽风排油雾、烟气的条件。安装电火花机床的电源线，应符合以下规定，见表 3-2。

表 3-2　　　　　　　　　　　安装电火花加工机床的电线截面

机床电容量/(kV·A)	2～9	9～12	12～15	15～21	21～28	28～34
电线截面尺寸/mm²	5.5	8.0	14.0	22.0	30	38

（2）坚决执行岗位责任制，做好室内外环境安全卫生，保证通道畅通，设备物品要安全放置，认真搞好文明生产。

（3）熟悉所操作机床的结构、原理、性能及用途等方面的知识，按照工艺规程做好加工前的一切准备工作，严格检查工具电极与工件是否都已校正和固定好。

（4）调节好工具电极与工件之间的距离，锁紧工作台面，启动工作液油泵。使工作液面高于工件加工表面一定距离后，才能启动脉冲电源进行加工。

（5）加工过程中，操作人员不能对系统进行维修或更换电极，也不能一手触摸工具电极，另一只手触碰机床（因为机床是连通大地的），这样将有触电危险，严重时会危及生命。如果操作人员脚下没有铺垫橡胶、塑料等绝缘垫，则加工中不能触摸工具电极。

（6）为了防止触电事故的发生，必须采取如下的安全措施：

1）应建立各种电气设备的经常与定期的检查制度，如出现故障或与有关规定不符合时，应及时加以处理。

2）维修机床电器时，应拉开电闸，切断电源，尽量不要带电工作，特别是在危险场所（如工作地点很狭窄，工作地周围有对地电压在 250V 以上的裸露导体等）应禁止带电工作。如果必须带电工作时，应采取必要的安全措施（如站在橡胶垫上或穿绝缘胶靴，附近的其他导体或接地处都应用橡胶布遮盖，并需有专人监护等）。

（7）操作人员应坚守岗位，思想集中，经常采用看、听、闻等方法了解机床的运转情况，发现问题要及时处理或向有关人员报告。不得允许杂散人员擅自进入电加工室。

（8）加工完毕后，随即切断电源，收拾好工、夹、测、卡等工具，并将场地清扫干净。

（9）在电火花加工场所，应确定安全防火人员，实行定人、定岗负责制，并定期检查消防灭火设备是否符合要求，加工场所不准吸烟，并要严禁其他明火。

（10）定期做好机床的维修保养工作，使机床经常处于良好状态。

三、电火花成型机床安全规程

（1）电火花机床应设置专用地线，使电源箱外壳、床身及其他设备可靠接地，防止电气设备绝缘损坏而发生触电。

（2）经常保持机床电气设备清洁，防止受潮，以免降低绝缘强度而影响机床的正常工作。

（3）操作人员必须站在耐压 20kV 以上的绝缘物上进行工作，加工过程中不可碰触电极工具。操作人员不得离开工作时的电火花机床。

（4）加添工作介质煤油时，不得混入类似汽油之类的易燃物，防止火花引起火灾。油箱要有足够的循环油量，使油温限制在安全范围内。

（5）放电加工时，工作液面要高于工件一定距离（30～100mm），但必须避免浸入电极夹头。如果液面过低，加工电流较大，则很容易引起火灾。为此，操作人员应经常检查工作液面是否合适。如图 3-8 所示为操作不当、易发生火灾的情况，要避免出现图中的错误。还应注意，在火花放电转成电弧放电时，电弧放电点局部会因为温度过高而造成工件表面向上积炭结焦，越积越厚，主轴跟着向上回退，直至在空气中放火花而引起火灾。对这种情况，即使液面保护装置也无法防止。为此，除非电火花机床上装有烟火自动监测和自动灭火装置，否则，操作人员不能较长时间离开。

（6）根据煤油的混浊程度，要及时更换过滤介质，并保持油路畅通。

（7）电火花加工车间内，应有抽油雾、烟气的排风换气装置，保持室内空气良好而不被污染。

（8）电火花机床的电气设备应设置专人负责，其他人员不得擅自乱动。

（9）机床周围严禁烟火，并配备适用于油类的灭火器，最好配备自动灭火器。好的自动灭火器具有烟雾、火光、温度感应报警装置，并能自动灭火，比较安全可靠。若发生火灾，应立即切断电源，并用四氯化碳或二氧化碳灭火器扑灭火苗，防止事故扩大。

（10）下班前应切断总电源，关好门窗。

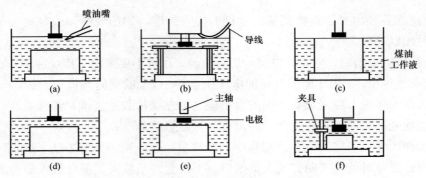

图 3-8 意外发生火灾的情况

（a）电极和喷油嘴间相碰引起火花放电；（b）绝缘外壳多次弯曲、意外破裂的导线和工件夹具间火花放电；

（c）加工的工件在工作液槽中位置过高；（d）在加工液槽中没有足够的工作液；

（e）电极和主轴连接不牢固、意外脱落时，电极和主轴之间火花放电；

（f）电极的一部分和工作夹具间产生意外放电，并且放电又在非常接近液面的地方

四、电火花加工结束后的自检及清理

1. 加工后的自检

数控电火花机床执行完成加工程序以后，就完成了工件的加工。这时候，我们应该对工件进行自检。可以进行以下一些自检。

（1）观察电极尖角、棱边的损耗及电极端面的损耗情况。

（2）目测检查加工部位形状是否正确，是否与要求的 3D 形状相吻合。比如有些加工部位是要接平的，应检查是否存在断差。

（3）采用电火花加工，采用目测或手感判定表面粗糙度等级，与样板比较，检验加工部位的底面和壁的表面粗糙度。

（4）使用简单的测量工具进行检测，检查是否达到加工要求，一般用游标卡尺、深度尺等检查加工深度尺寸、型腔尺寸和型腔位置。

加工自检如发现存在一些问题，应及时处理。这也就发挥了自检的作用，避免了不合格工件未自检后的重复装夹、定位操作、重复加工，节省了大量的加工时间。经过在线检查，可以修正一些问题。如一旦发现电极损耗过大，加工形状不够清角，就可以通过换用电极来弥补损耗。加工尺寸没有加工到位时，可以通过加大平动量等方法来修正尺寸，以满足加工要求等。有时候由于人为的疏忽大意，造成了加工错误，在自检过程中就可以被发现。这时应该及时与相关人员进行沟通，采取相应的处理办法。一般可采用氩弧焊来修补普通模具的缺陷，对于精密模具应采用激光焊，有些加工部位要采用镶拼等处理办法。

经过加工后自检判断符合加工要求，就可以将工件从机床上拆下来。如果工件的加工要求非常严格，还要送测量室进行具体的精密测量，如采用轮廓表面测量仪或显微镜检测等手段检查电火花加工表面粗糙度，采用三坐标测量仪进行复杂部位尺寸的测量。

2. 加工后的清理

所有工件加工完成以后，要进行及时的清理工作。应养成这种做事有条理、干净利索

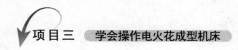

的工作习惯。

（1）清理工作台，刷洗工作液槽，擦拭机床外观脏污部位。

（2）从机床上拆下电极，按指定地点归放。

（3）工具应及时归位，整理好加工图样。

（4）填写好相关的工作记录文件。

项目四

方形冷冲凸模加工

**项目导入**

要求加工如图 4–1 所示方形冷冲凸模，材料为 45 钢，数量为 50 件。工件厚度为 15mm，加工表面粗糙度 Ra 为 3.2mm，其双边配合间隙为 0.02mm，电极丝为 ϕ0.18mm 的钼丝，双面放电间隙为 0.02mm，采用 3B 代码编程。

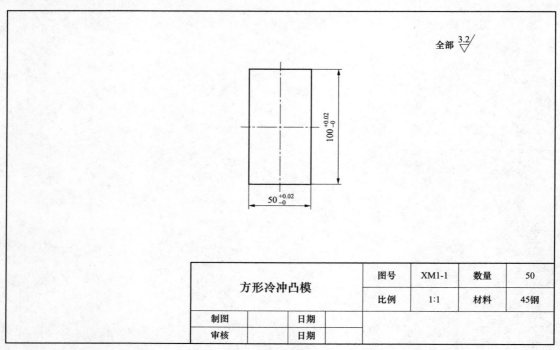

图 4–1   方形冷冲凸模

任务一   学习直线 3B 代码编程

一、基础知识

1. 直线的 3B 代码编程

3B 代码编程格式是数控线切割机床上最常用的程序格式，具体格式见表 4–1。

表 4-1 　　　　　　　　　　　　　3B 程 序 格 式

B	X	B	Y	B	J	G	Z
分隔符	X坐标值	分隔符	Y坐标值	分隔符	计数长度	计数方向	加工指令

注　B—分隔符，它的作用是将 X、Y、J 数码区分开；

　　X、Y—增量（相对）坐标值；

　　J—加工线段的计数长度；

　　G—加工线段计数方向；

　　Z—加工指令。

（1）平面坐标系的规定。面对机床操作台，工作平台面为坐标系平面，左右方向为 X 轴，且右方向为正；前后方向为 Y 轴，前方为正，具体如图 2-3 所示。编程时，采用相对坐标系，即坐标系的原点随程序段的不同而变化。

（2）X 和 Y 值的确定。

1）以直线的起点为原点，建立一般的直角坐标系，X 和 Y 表示直线终点的坐标绝对值，单位为 μm。

2）在直线 3B 代码中，X 和 Y 值主要是确定该直线的斜率，所以可将直线终点坐标的绝对值除以它们的最大公约数作为 X 和 Y 的值，以简化数值。

3）若直线与 X 或 Y 轴重合，为区别于一般直线，X 和 Y 均可写作 0，也可以不写。

（3）G 的确定。G 用来确定加工时的计数方向，分 GX 和 GY。直线编程的计数方向的选取方法是：以要加工的直线的起点为原点，建立直角坐标系，取该直线终点坐标绝对值大的坐标轴为计数方向。具体确定方法为：若终点坐标为（x_e, y_e），令 $X=|x_e|$，$Y=|y_e|$，若 $Y<X$，则 $G=GX$，如图 4-2（a）所示；若 $Y>X$，则 $G=GY$，如图 4-2（b）所示；若 $Y=X$，则在一、三象限取 $G=GY$，在二、四象限取 $G=GX$。

由上可知，计数方向的确定以 45° 线为界，取与终点处走向较平行的轴作为计数方向，具体如图 4-2（c）所示。

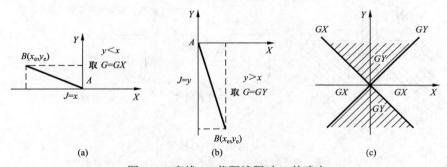

图 4-2　直线 3B 代码编程时 G 的确定

（a）Y<X，取 G=GX；（b）Y>X，取 G=GY；（c）Y=X，一、三象限取 G=GY，二、四象限取 G=GX

（4）J 的确定。J 为计数长度，以 μm 为单位。以前编程应写满 6 位数，不足 6 位前面补 0，现在的机床基本上可以不用补 0。

J 的取值方法为：由计数方向 G 确定投影方向，若 G=GX，则将直线向 X 轴投影得到

长度的绝对值即为 J 的值；若 $G=GY$，则将直线向 Y 轴投影得到长度的绝对值，即为 J 的值。

（5） Z 的确定。加工指令 Z 按照直线走向和终点的坐标不同可分为 L1、L2、L3、L4，其中与 $X+$ 轴重合的直线算作 L1，与 $X-$ 轴重合的直线算作 L3，与 $Y+$ 轴重合的直线算作 L2，与 $Y-$ 轴重合的直线算作 L4，具体如图 4-3 所示。

2. 直线 3B 代码编程举例

应用 3B 代码编制如图 4-4 所示的图形的线切割程序（不考虑间隙补偿）。

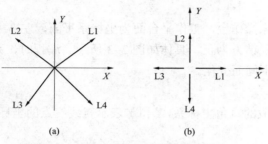
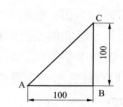

图 4-3　直线 3B 代码编程时 Z 的确定　　　　图 4-4　直线 3B 代码编程举例

设定加工路线为 $A \rightarrow B \rightarrow C \rightarrow A$，程序为：

```
B0   B0   B100000  GX  L1          A→B
B0   B0   B100000  GY  L2          B→C
B1   B1   B100000  GY  L3          C→A
```

3. 间隙补偿问题

在实际加工中，电火花线切割数控机床是通过控制电极丝的中心轨迹来加工的，如图 4-5 所示，电极丝中心轨迹用虚线表示。在线切割机床上，电极丝的中心轨迹和图纸上工件轮廓之间差别的补偿称为间隙补偿，间隙补偿分编程补偿和自动补偿两种形式。

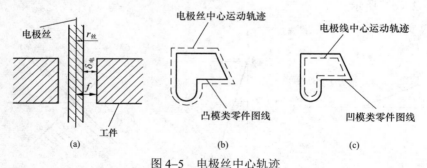

图 4-5　电极丝中心轨迹
（a）电极丝直径与放电间隙；（b）加工凸模类零件时；（c）加工凹模类零件时

（1）编程补偿法。加工凸模时，电极丝中心轨迹应在所加工的图形的外面；加工凹模时，电极丝中心轨迹应在所加工图形的里面。所加工工件图形与电极丝中心轨迹间的距离，在圆弧的半径方向和线段垂直方向都等于间隙补偿量 f。

确定间隙补偿量正负的方法如图 4-6 所示。间隙补偿量的正负，可根据在电极丝中心轨迹图形中圆弧半径及直线段法线长度的变化情况来确定，对圆弧是用于修正圆弧半径 r，对直线段是用于修正其法线长度 P。对于圆弧，当考虑电极丝中心轨迹后，其圆弧半径比原图形半径增大时取+f，减小时则取−f。

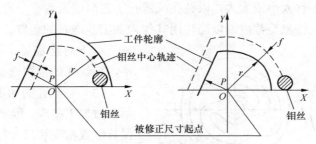

图 4-6　间隙补偿量的符号判别

间隙补偿量的算法：加工冲模的凸、凹模型时，应考虑电极丝半径 $r_{丝}$、电极丝和工件之间的单边放电间隙 $\delta_{电}$ 及凸模和凹模间的单边配合间隙 $\delta_{配}$，当加工冲孔模具时（即冲后要求工件保证孔的尺寸），凸模尺寸由孔的尺寸确定，因 $\delta_{配}$ 在凹模上扣除，故凸模的间隙补偿量 $f_{凸}=r_{丝}+\delta_{电}$，凹模的间隙补偿量 $f_{凹}=r_{丝}+\delta_{电}-\delta_{配}$；当加工落料模时（即冲后要求保证冲下的工件尺寸），凹模尺寸由工件的尺寸确定，因 $\delta_{配}$ 在凸模上扣除，故凸模的间隙补偿量 $f_{凸}=r_{丝}+\delta_{电}-\delta_{配}$，凹模的间隙补偿量 $f_{凹}=r_{丝}+\delta_{电}$。

（2）自动补偿法。加工前，将间隙补偿量 f 输入到机床的数控装置。编程时，按图样的名义尺寸编制线切割程序，间隙补偿量 f 不在程序段尺寸中，图形上所有非光滑连接处应加过渡圆弧修饰，使图形中不出现尖角，过渡圆弧的半径必须大于补偿量。这样在加工时，数控装置能自动将过渡圆弧处增大或减小一个 f 的距离以实行补偿，而直线段保持不变。

4. 穿丝孔的加工

（1）穿丝孔的作用。工艺孔（即穿丝孔）在线切割加工工艺中是不可缺少的。它有三个作用：① 用于加工凹模；② 减小凸模加工中的变形量和防止因材料变形而发生夹丝现象；③ 保证被加工部分跟其他有关部位的位置精度。对于前两个作用，工艺孔的加工要求不需要过高，但对于第三个作用来说，就需要考虑其加工精度。显然，如果所加工的工艺孔的精度差，那么工件在加工前的定位也不准，被加工部分的位置精度自然也就不符合要求。在这里，工艺孔的精度是位置精度的基础。通常影响工艺孔精度的主要因素有两个，即圆度和垂直度。如果利用精度较高的镗床、钻床或铣床加工工艺孔，圆度就能基本上得到保证，而垂直度的控制一般是比较困难的。在实际加工中，孔越深，垂直度越不好保证。尤其是在孔径较小、深度较大时，要满足较高垂直度的要求非常困难。因此，在较厚工件上加工工艺孔，其垂直度如何就成为工件加工前定位准确与否的重要因素。

（2）穿丝孔的位置和直径。在切割凹模类工件时，穿丝孔位于凹型的中心位置，操作最为方便。因为这既能准确辨别穿丝孔加工位置，又便于控制坐标轨迹的计算。但是用这种方法切割的无用行程较长，因此不适合大孔形凹型工件的加工。

在切割凸型工件或大孔形凹型工件时，穿丝孔加工在起切点附近为好。这样，可以大大缩短无用切割行程。穿丝孔的位置最好选在已知坐标点或便于运算的坐标点上，以简化有关轨迹控制的运算。

穿丝孔的直径不宜太小或太大，以钻孔或镗孔工艺简便为宜，一般选在 3～10mm。孔径最好选取整数值或较完整数值，以简化用其作为加工基准时的运算。

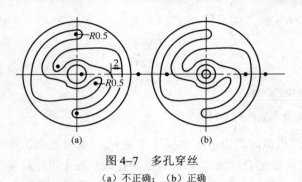

对于对称加工，多次穿丝切割的工件，穿丝孔的位置选择如图 4-7 所示。

（3）穿丝孔的加工。由于许多穿丝孔都要做加工基准，因此，在加工时必须确保其位置精度和尺寸精度。这就要求穿丝孔在具有较精密坐标工作台的机床上进行加工。为了保证孔径尺寸精度，穿丝孔可采用钻绞、钻镗或钻车等较精密的机械加工方法。

图 4-7　多孔穿丝
（a）不正确；（b）正确

提示

穿丝孔的位置精度和尺寸精度，一般要等于或高于工件要求的精度。

任务二　方形冷冲凸模加工技能训练

一、工艺分析

加工任务如图 4-1 所示。由于坯件材料被割离，会在很大程度上破坏材料内应力平衡状态，使材料变形，从而夹断钼丝。从加工工艺上考虑，应制作合理的工艺孔以便应力对称、均匀、分散地释放；凸模及凹模应采用封闭切割方法。

如图 4-8 所示，为三种切割方案分析：图 4-8（a）从坯料端面开始加工，会引起变形，故切割起点不合适，图 4-8（b）的安排可以采用，但仍存在着变形；图 4-8（c）预制穿丝孔，切割的起始点选在坯件预制的穿丝孔中，桥式支撑，逆时针方向加工即从离开夹具的方向开始加工，最后再转向工件夹具方向，这是较好的切割方案。

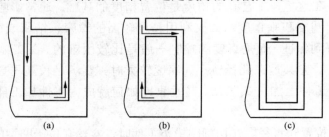

图 4-8　切割起始点和切割路线分析
（a）切割起点不合适；（b）存在变形；（c）较好方案

二、工艺实施

加工任务如图 4-1 所示，工艺实施过程如下：

（1）加工穿丝孔。

（2）装夹，穿丝，电极丝较直，定位。装夹后可用基准面或拉表找正。穿丝后应检查电极丝是否在导轮内并测试张力。电极丝校直后可用机床的自动找中功能定位。

（3）乳化液的配制及流量的确定。乳化液一般是以体积比配制的，即以一定比例的乳化液加水配制而成，一般浓度要求如下：

1）加工表面粗糙度和精度要求较高，工件较薄或中厚，配比较浓些，为 8%～15%。

2）要求切割速度高或大厚度工件，浓度淡些，为 5%～8%，以便于排屑。

根据加工使用经验，新配制的工作液切割效果并不是最好，在使用 20h 左右时，其切割速度、表面质量最好。

快走丝线切割是靠高速运行的丝把工作液带入切缝的，因此工作液不需多大压力，只要能充分包住电极丝，浇到切割面上即可。

上述工作完成后，检查、清理工作台面，放好摇把等工具。开电源，将机床控制面板上运丝筒转速挡位调到 8m/s，启动运丝开关，合上断丝停机开关和水泵开关，检查运丝筒运转换向是否良好，水泵抽水和上下线架喷水板喷水是否良好，如均正常，即初步完成机床主机切割准备。

 注意

运丝速度调定后，加工中不得变换。

（4）开控制箱电源，开计算机，机床功能检查。

（5）编程。间隙补偿计算：如图 4-9（a）所示为加工零件图，实际加工中由于钼丝半径和放电间隙的影响，钼丝中心运行的轨迹形状如图 4-9（b）中虚线所示，即加工轨迹与零件图相差一个补偿量。补偿量的大小为

f= 钼丝半径+单边放电间隙=0.09+0.01=0.1mm

因加工方形零件边缘（棱边）要求较高，应采用系统提供的清角功能。

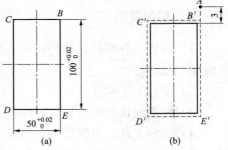

图 4-9　线切割图形
（a）零件图；（b）钼丝轨迹图

图 4-9（b）中 A 点为穿丝孔，加工轨迹为：$A \to B' \to C' \to D' \to E' \to A$。程序如下：

```
B0   B0   B2900    GY  L4          A→B′
B0   B0   B50200   GX  L3          B′→C′
B0   B0   B100200  GY  L4          C′→D′
B0   B0   B50200   GX  L1          D′→E′
B0   B0   B103100  GY  L2          E′→A
```

（6）模拟加工校验代码。编程完成后送控制台，将控制界面转到加工窗，模拟加工校验代码的正确性。

（7）加工。工件准备、编程完毕后，按加工厚度、精度要求，在控制台面板上选择加工参数，按下加工按钮进行加工。加工过程中注意观察间隙电压波形及各加工电流表，利用跟踪调节器，保持加工过程的稳定。

（8）关机。加工完成后，应首先关掉加工电源，之后关掉工作液，让钼丝运转一段时间后再停机。若先关工作液，会造成空气中放电，造成烧丝；若先关走丝的话，因丝速太慢甚至停止运行，丝冷却不良，间歇中缺少工作液，也会造成烧丝。

电机运行一段时间并等储丝筒反向后，再停走丝，工作结束后必须关掉总电源，擦拭工作台面及夹具，并润滑机床。

任务三　完成本项目的实训任务

一、实训目的

（1）能够对矩形样板进行线切割工艺分析。
（2）掌握 3B 代码的直线编程方法。
（3）学会编程和加工矩形样板。

二、实训内容

用 3B 代码编程并加工如图 4–10 所示的矩形样板，工件厚度为 2mm，加工表面粗糙度 Ra 为 3.2μm。

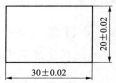

图 4–10　矩形样板

三、实训要求

（1）分析工件图样，选择定位基准和加工方法，确定走刀路线，选择装夹方法，确定各电加工参数。
（2）编写加工程序。
（3）使用线切割机床加工零件。
（4）检测工件。根据零件图要求，选择合适的量具对工件进行检测，并对工件进行质量分析。
（5）撰写实训报告。

项目五

腰形凹模零件加工

项目导入

要求加工如图 5-1 所示的腰形凹模，材料为模具钢，数量为 5 件。工件厚度为 15mm，加工表面粗糙度 Ra 为 3.2mm，其双边配合间隙为 0.02mm，电极丝为 ϕ0.18mm 的钼丝，双面放电间隙为 0.02mm，采用 3B 代码编程。

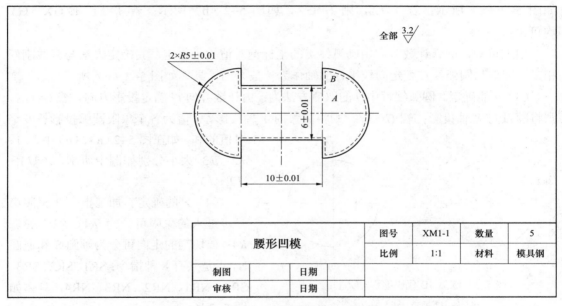

腰形凹模		图号	XM1-1	数量	5
		比例	1:1	材料	模具钢
制图		日期			
审核		日期			

图 5-1 腰形凹模

任务一 学习圆弧 3B 代码编程

一、圆弧 3B 代码编程

圆弧的 3B 代码编程格式和直线相同，见表 5-1。

（1）X 值和 Y 值的确定。以圆弧的圆心为原点，建立一般的直角坐标系，X 和 Y 表示圆弧起点坐标的绝对值，单位为 μm。如图 5-2 所示，在图 5-2（a）中，X=30 000，Y=40 000；在图 5-2（b）中，X=40 000，Y=30 000。

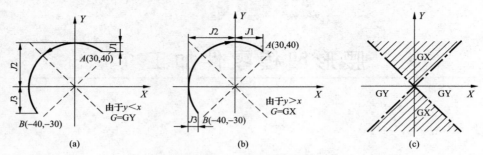

图 5-2　圆弧轨迹及其编程参数的确定

（a）当 Y＜X 时 G 的确定；（b）当 Y＞X 时 G 的确定；（c）当 Y＝X 时 G 的确定

（2）G 的确定。G 用来确定加工时的计数方向，分 GX 和 GY。圆弧编程的计数方向的选取方法是：以某圆心为原点建立直角坐标系，取终点坐标绝对值小的轴为计数方向。具体确定方法为：若圆弧终点坐标为 (x_e, y_e)，令 $X=|x_e|$，$Y=|y_e|$，若 $Y<X$，则 $G=GY$，如图 5-2（a）所示；若 $Y>X$，则 $G=GX$，如图 5-2（b）所示；若 $Y=X$，则 GX、GY 均可。

由上可知，圆弧计数方向由圆弧终点的坐标绝对值大小决定，其确定方法与直线刚好相反，即取与圆弧终点处走向较平行的轴作为计数方向，具体如图 5-2（c）所示。

（3）J 的确定。圆弧编程中 J 的取值方法为：由计数方向 G 确定投影方向，若 $G=GX$，则将圆弧向 X 轴投影；若 $G=GY$，则将圆弧向 Y 轴投影。J 值为各个象限圆弧投影长度绝

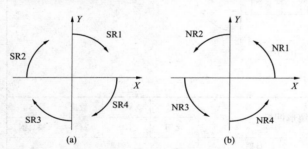

对值的和。如在图 5-2（a）、（b）中，J1、J2、J3 大小分别如图中所示，$J=|J1|+|J2|+|J3|$。

（4）Z 的确定。加工指令 Z 按照第一步进入的象限可分为 R1、R2、R3、R4；按切割的走向可分为顺圆 S 和逆圆 N，于是共有 8 种指令：SR1、SR2、SR3、SR4、NR1、NR2、NR3、NR4，具体如图 5-3 所示。

图 5-3　圆弧 3B 代码编程时 Z 的确定

（a）加工顺圆弧；（b）加工逆圆弧

二、圆弧 3B 代码编程举例

应用 3B 代码编制如图 5-4 所示的图形的线切割程序（不考虑间隙补偿）。

（1）确定加工路线。起点为 A，加工路线按照图中所示的①→②→…→⑧段的顺序进行。①段为切入，⑧段为切出，②～⑦段为程序零件轮廓。

（2）分别计算各段曲线的坐标值。

（3）按 3B 格式编写程序清单，程序如下：

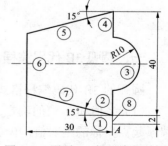

图 5-4　圆弧 3B 代码编程举例

```
B0  B200  B2000  GY  L2              加工第①段

B0  B10000  B10000  GY  L2           加工第②段，可与上句合并

B0  B10000  B20000  GX  NR4          加工第③段

B0  B10000  B10000  GY  L2           加工第④段

B30000  B8040  B30000  GX  L3        加工第⑤段

B0  B23920  B23920  GY  L4           加工第⑥段

B30000  B8040  B30000  GX  L4        加工第⑦段

B0  B2000  B2000  GY  L4             加工第⑧段
```

任务二 腰形凹模零件加工技能训练

一、工艺分析

该零件为落料模，从加工工艺上考虑，应制作合理的工艺孔以便应力对称、均匀、分散地释放。如图 5-5 所示，经过分析，确定选择零件对称中心 O 为穿丝孔位。轨迹为：$O \rightarrow A \rightarrow B \rightarrow C \rightarrow D \rightarrow E \rightarrow F \rightarrow G \rightarrow H \rightarrow I \rightarrow A \rightarrow O$。

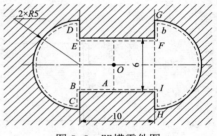

图 5-5 凹模零件图

二、工艺实施

加工任务如图 5-1 所示，工艺实施过程如下：

（1）加工穿丝孔。

（2）装夹，穿丝，电极丝较直，定位。装夹后可用基准面或拉表找正。穿丝后应检查电极丝是否在导轮内并测试张力。电极丝校直后可用机床的自动找中功能定位。

（3）开控制箱电源、开计算机，机床功能检查。

（4）编程。程序如下：

```
N1  T84  T 86

N2  B0  B2900  B2900  GY  L4

N3  B5100  B0  B5100  GX  L3

N4  B0  B2000  B2000  GY  L4

N5  B100  B4900  B9800  GX  SR3

N6  B0  B2000  B2000  GY  L4

N7  B5100  B0  B5100  GX  L1

N8  B5100  B0  B5100  GX  L1

N9  B0  B2000  B2000  GY  L2

N10  B100  B4900  B9800  GX  SR1
```

```
N11  B0    B2000  B2000  GY  L2
N12  B5100 B0     B5100  GX  L3
N13  B0    B2900  B2900  GY  L2
N14  T85   T86
N15  M02
```

任务三 凸模零件加工实训

用 3B 代码编程并加工如图 5–6 所示的零件，工件厚度为 2mm，加工表面粗糙度 Ra 为 3.2μm。

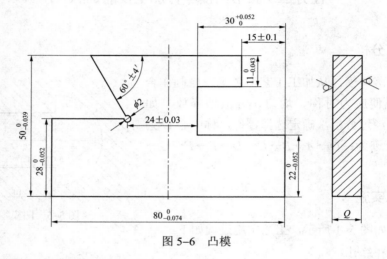

图 5–6 凸模

凸模加工实训评分表如表 5–1 所示。

表 5–1   凸模加工实训评分表

考核内容	评 分 项 目	配分	评 分 标 准	扣分记录及备注	得 分
加工前的准备工作	1. 熟练穿丝 2. 钼丝垂直度的校核 3. 钼丝的张紧	5 3 2			
编写加工程序	1. 熟练编写加工程序 2. 应有工艺分析过程	6 4			
工件的定位与夹紧	1. 工件定位合理 2. 工件正确装夹	6 4			
机床操作	1. 开机顺序正确 2. 正确将代码送入控制箱 3. 控制柜面板按钮操作正确 4. 选择合理的工艺参数 5. 合理调整工作液流量	3 2 3 5 2			

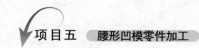

续表

考核内容	评 分 项 目	配分	评 分 标 准	扣分记录及备注	得　分
工件的尺寸	1. 80（−0.074，0）mm 2. 24±0.03mm 3. 15±0.1mm 4. 30（0，+0.052）mm 5. 50（−0.039，0）mm 6. 28（−0.052，0）mm 7. 11（−0.043，0）mm 8. 22（−0.052，0）mm 9. 60°（±4′）	8 5 7 5 5 5 5 5 5	超差 0.01mm 扣 1 分 超差 0.01mm 扣 1 分 超差 0.02mm 扣 1 分 超差 0.02mm 扣 1 分 超差 0.02mm 扣 1 分 超差 0.02mm 扣 1 分 超差 0.02mm 扣 1 分 超差 0.02mm 扣 1 分 超差 0.02° 扣 1 分		
工件的表面质量	$Ra3.2\mu m$	5			
加工后的工作	1. 加工后应清理机床 2. 填写记录	3 2			
安全文明生产	整个操作过程中应安全文明	5			
额定时间	90min		每超时 1min 扣 1 分		
开始时间		结束时间		实际时间	成绩

项目六

样 板 冲 模 加 工

 项目导入

要求加工如图 6-1 所示的样板冲模，材料为模具钢，数量为 5 件。取电极丝直径为 $\phi0.12mm$，单边放电间隙为 0.01mm，采用 ISO 代码编程。

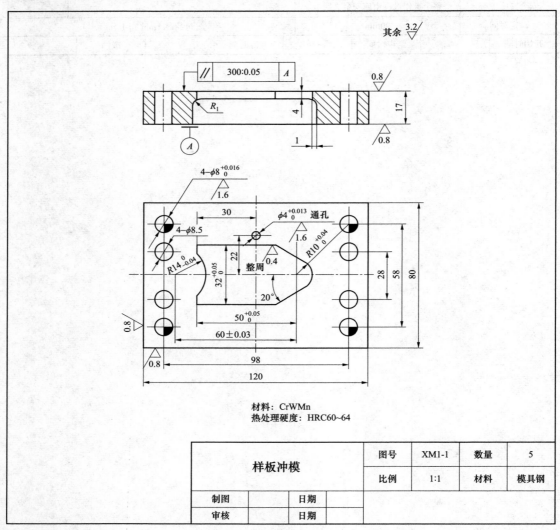

材料：CrWMn
热处理硬度：HRC60~64

样板冲模	图号	XM1-1	数量	5
	比例	1:1	材料	模具钢
制图		日期		
审核		日期		

图 6-1 样板冲模

86

任务一　学习 ISO 代码编程方法

一、程序段格式和程序格式

1. 程序段格式

程序段是由若干个程序字组成的，其格式如下。

N__　G__　X__　Y；

字是组成程序段的基本单元，一般都是由一个英文字母加若干位十进制数字组成（如：X8000），这个英文字母为地址字符。不同的地址字符表示的功能不一样。

（1）顺序号。位于程序段之首，表示程序的序号，后续数字 2～4 位。如 N03、N0010。

（2）准备功能 G。准备功能 G（以下称 G 功能）是建立机床或控制系统工作方式的一种指令，其后续有两位正整数，即 G00～G99。

（3）尺寸字。尺寸字在程序段中主要是用来指定电极丝运动到达的坐标位置。电火花线切割加工常用的尺寸字有 X、Y、U、V、A、I、J 等。尺寸字的后续数字在要求代数符号时应加正负号，单位为 μm。

（4）辅助功能 M。由 M 功能指令即后续的两位数字组成，即 M00～M99，用来指令机床辅助装置的接通或断开。

2. 程序格式

一个完整的加工程序是由程序名、程序的主体（若干程序段）、程序结束指令组成，如：

P10；

N01　G92　X0　Y0；

N02　G01　X8000　Y8000；

N03　G01　X3000　Y6000；

N01　G01　X2500　Y3500；

N05　G01　X0　Y0；

N06　M02；

（1）程序名。由文件名和扩展名组成。程序的文件名可以用字母和数字表示，最多可用 8 个字符，如 P10，但文件名不能重复。扩展名最多用 3 个字母表示，如 P10.CUT。

（2）程序的主体。程序的主体由若干程序段组成，如上面加工程序中 N01～N05 段。在程序的主体中又分为主程序和子程序。一段重复出现的、单独组成的程序，称为子程序。子程序取出命名后单独存储，即可重复调用。子程序常应用在某个工件上有几个相同型面的加工中。调用子程序所用的程序，称为主程序。

（3）程序结束指令 M02。M02 指令安排在程序的最后，单列一段。当数控系统执行到 M02 程序段时，就会自动停止进给并使数控系统复位。

二、ISO 代码及其编程

以下是电火花线切割数控机床常用的 ISO 代码，见表 6-1。

表 6-1   电火花线切割数控机床常用 ISO 代码

代码	功　能	代码	功　能
G00	快速定位	G59	加工坐标系
G01	直线插补	G80	接触感知
G02	顺圆插补	G82	半程移动
G03	逆圆插补	G84	微弱放电找正
G05	X 轴镜像	G90	绝对尺寸
G06	Y 轴镜像	G91	增量尺寸
G07	X、Y 轴交换	G92	确定起点坐标值
G08	X 轴镜像，Y 轴镜像	M00	程序暂停
G09	X 轴镜像，X、Y 轴交换	M02	程序结束
G10	Y 轴镜像，X、Y 轴交换	M05	接触感知解除
G11	Y 轴镜像，X 轴镜像，X、Y 轴交换	M98	子程序调用
G12	消除镜像	M99	子程序结束
G40	取消间隙补偿	T82	加工液保持 OFF
G41	左偏间隙补偿	T83	加工液保持 ON
G42	右偏间隙补偿	T84	打开喷液
G50	消除锥度	T85	关闭喷液
G51	锥度左偏	T86	送电极丝（阿奇公司）
G52	锥度右偏	T87	停止送丝（阿奇公司）
G54	加工坐标系 1	T80	送电极丝（沙迪克公司）
G55	加工坐标系 2	T81	停止送丝（沙迪克公司）
G56	加工坐标系 3	W	下导轮到工作台面高度
G57	加工坐标系 4	H	工件厚度
G58	加工坐标系 5	S	工作台面上导轮高度

（1）快速定位指令 G00。在机床不加工情况下，G00 指令可使指定的某轴以最快速度移动到指定位置。其程序段格式为：

G00　X__Y__；

（2）直线插补指令 G01。该指令可使机床在各个坐标平面内加工任意斜率直线轮廓和

88

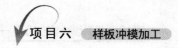
用直线段逼近曲线轮廓，其程序段格式为：

G01　X__ Y__；

目前，可加工锥度的电火花线切割数控机床具有 *X*、*Y* 坐标轴及 *U*、*V* 附加轴工作台，其程序段格式为：

G01　X__ Y__ U__ V__；

 注意

（1）线切割加工中的直线插补和圆弧插补程序中不要写进给速度指令；

（2）*U*、*V* 轴使电极丝工作部分与工作台平面保持一定的几何角度，由丝架拖板移动来实现，用于切割锥度；

（3）程序中尺寸字单位为 μm，不用小数点。

（3）圆弧插补指令 G02/G03。G02 为顺时针圆弧插补指令，G03 为逆时针圆弧插补指令。

用圆弧插补指令编写的程序段格式为：

G02　X__ Y__ I__ J__；

G03　X__ Y__ I__ J__；

程序段中，X、Y 分别表示圆弧终点坐标；I、J 分别表示圆心相对圆弧起点在 *X*、*Y* 方向的增量尺寸。

（4）指令 G90、G91、G92。G90 为绝对尺寸指令，表示该程序中的编程尺寸是按绝对尺寸给定的，即移动指令终点坐标值 *X*、*Y* 都是以工件坐标系原点（程序的零点）为基准来计算的。

G91 为增量尺寸指令，该指令表示程序段中编程尺寸是按增量尺寸给定的，即坐标值均以前一个坐标位置作为起点来计算下一点坐标值。3B 程序格式均按此方法计算坐标点。

G92 为定起点坐标指令，G92 指令中的坐标值为加工程序的起点坐标值，其程序段格式为：

G92　X__ Y__；

（5）丝半径补偿指令 G40、G41、G42。

G41 为左偏补偿指令，其程序段格式为：

G41　D__；

G42 为右偏补偿指令，其程序段格式为：

G42　D__；

程序段中的 D 表示半径补偿量，其计算方法与前面的方法相同。

 注意

左偏、右偏是沿加工方向看，电极丝在加工图形左边为左偏；电极丝在右边为右偏，如图 6-2 所示。

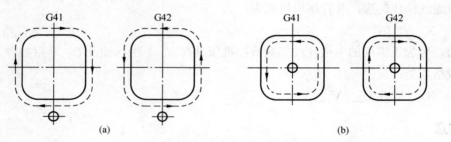

图 6-2　丝半径补偿指令

（a）凸模加工；（b）凹模加工

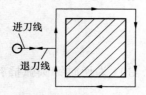

图 6-3　丝半径补偿（G41）
的建立和取消

丝半径补偿的建立和取消与数控铣削加工中的刀具半径补偿的建立和取消过程完全相同。丝半径补偿的建立和取消必须用 G01 直线插补指令，而且必须在切入过程（进刀线）和切出过程（退刀线）中完成，如图 6-3 所示。

例如：

G92　X0　Y0；

G41　D100； 丝半径左补偿，D100 为补偿值，表示 100μm，此程序段须放在进刀线之前。

G01　X5000　Y0；　　　　　　　　　　　　　　进刀线，建立丝半径补偿

⋮

G40；　　　　　　　　　　　　　　　　　　　　G40 须放在退刀线之前

G01　X0　Y0；　　　　　　　　　　　　　　　退刀线，退出丝半径补偿

三、ISO 代码编程举例

编制如图 6-4 所示的圆弧插补的程序段。

程序段如下：

G92　X10000　Y10000；　　　　　　　　　　　起切点 *A*

G02　X30000　Y30000　I20000　J0；　　　　　*AB* 段圆弧

G03　X45000　Y15000　I15000　J0；　　　　　*BC* 段圆弧

【例 6-1】加工如图 6-5 所示的零件，按图样尺寸编程。

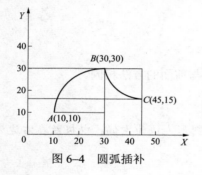

图 6-4　圆弧插补

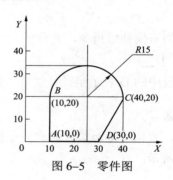

图 6-5　零件图

用 G90 指令编程：

A1;	程序名
N01 G92 X0 Y0;	确定加工程序起点 O 点
N02 G01 X10000 Y0;	O→A
N03 G01 X10000 Y20000;	A→B
N04 G02 X40000 Y20000 I15000 J0;	B→C
N05 G01 X30000 Y0;	C→D
N06 G01 X0 Y0;	D→O
N07 M02;	程序结束

用 G91 指令编程：

A2;	程序名
N01 G92 X0 Y0;	
N02 G91;	以下为增量尺寸编程
N03 G01 X10000 Y0;	O→A
N04 G01 X0 Y20000;	A→B
N05 G02 X30000 Y0 I15000 J0;	B→C
N06 G01 X-10000 Y-20000;	C→D
N07 G01 X-30000 Y0;	D→O
N08 M02;	

任务二　样板冲模零件加工技能训练

零件图如图 6-1 所示，因该模具是落料模，冲下零件的尺寸由凹模决定，模具配合间隙在凸模上扣除，故凹模的间隙补偿量为 $R=r_s+\delta_d=(0.12/2+0.01)\text{mm}=0.07\text{mm}$，即要求间隙补偿量为 0.07mm。

按平均尺寸用 CAD 工具绘制，以 O 为坐标原点建立坐标系，如图 6-6 所示。然后用 CAD 查寻（或计算）凹模刃口轮廓节点和圆心坐标值，见表 6-2。

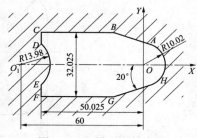

图 6-6　凹模刃口轮廓图

表 6-2　　　　　凹模刃口轮廓节点和圆心坐标值

节点和圆心	X	Y	节点和圆心	X	Y
O	0	0	D	−50.025	9.794 9
O_1	−60	0	E	−50.025	−9.794 9
A	3.427 0	9.415 7	F	−50.025	−16.012 5
B	−14.697 6	16.012 5	G	−14.697 6	−16.012 5
C	−50.025	16.012 5	H	3.427 0	−9.415 7

91

穿丝孔设在 O 点，按 $O—A—B—C—D—E—F—G—H—A—O$ 的顺序加工。

应用 ISO 代码编程，程序如下：

```
AM
G90  G92  X0  Y0;
G41  D70;
G01  X3427  Y9416;
G01  Y-14697  Y16012;
G01  X-50025  Y9795;
G02  X-50025  Y-9795  I-9975  J-9795;
G01  X-50025  Y-16013;
G01  X-14697  Y-16013;
G01  X3427  Y-9416;
G03  X3427  Y9416  I-3427  J9416;
G40;
G01  X0  Y0;
M02;
```

任务三 ISO 代码编程训练

用 ISO 代码编程并加工如图 6-7 所示的零件，工件厚度为 2mm，加工表面粗糙度 Ra 为 3.2μm。

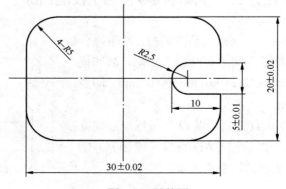

图 6-7 零件图

加工实训评分见表 6-3。

表 6-3　　　　　　　　　　加工实训评分表

考核内容	评分项目	配分	评分标准	扣分记录及备注	得分
加工前的准备工作	1. 熟练穿丝 2. 钼丝垂直度的校核 3. 钼丝的张紧	5 3 2			

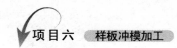

续表

考核内容	评 分 项 目	配分	评 分 标 准	扣分记录及备注	得分
编写加工程序	1. 熟练编写加工程序 2. 应有工艺分析过程	6 4			
工件的定位与夹紧	1. 工件定位合理 2. 工件正确装夹	6 4			
机床操作	1. 开机顺序正确 2. 正确将代码送入控制箱 3. 控制柜面板按钮操作正确 4. 选择合理的工艺参数 5. 合理调整工作液流量	3 2 3 5 2			
工件的尺寸	1. 30mm 2. 20mm 3. 10mm（公差范围：±0.1mm） 4. 4 处 R5mm（公差范围：±0.1mm） 5. R2.5mm（公差范围：±0.1mm）	10 10 5 10 5	超差 0.01mm 扣 1 分 超差 0.01mm 扣 1 分 超差 0.02mm 扣 1 分 超差 0.02mm 扣 1 分 超差 0.02mm 扣 1 分		
工件的表面质量	Ra3.2μm	5			
加工后的工作	1. 加工后应清理机床 2. 填写记录	3 2			
安全文明生产	整个操作过程应安全文明	5			
额定时间	90min		每超时 1min 扣 1 分		
开始时间		结束时间		实际时间		成绩	

对称凹模加工

 项目导入

本任务要求运用线切割机床加工如图 7-1 所示的对称凹模，工件厚度为 20mm，加工表面粗糙度 Ra 为 3.2μm，电极丝为 ϕ0.18mm 的钼丝，单边放电间隙为 0.01mm。采用 ISO 代码编程。

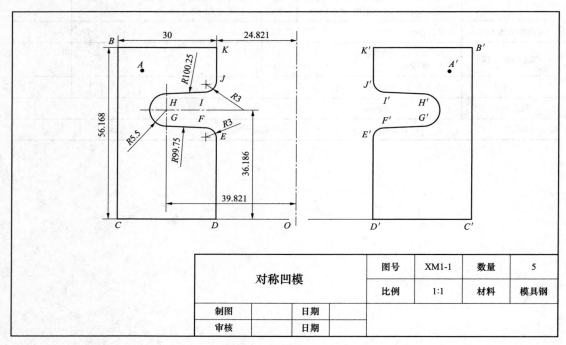

对称凹模		图号	XM1-1	数量	5
		比例	1:1	材料	模具钢
制图		日期			
审核		日期			

图 7-1　对称凹模

任务一　学习镜像及交换指令

一、镜像及交换指令 G05、G06、G07、G08、G10、G11、G12

在加工零件时，常遇到零件上的加工要素是对称的，此时可用镜像或交换指令进行加工。G05——X 轴镜像，函数关系式：$X=-X$。

94

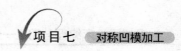

G06——Y轴镜像，函数关系式：$Y=-Y$。

G07——X、Y轴交换，函数关系式：$X=Y$，$Y=X$。

G08——X轴镜像，Y轴镜像，函数关系式：$X=-X$，$Y=-Y$。即 G08=G05+G06。

G09——X轴镜像，X、Y轴交换，即：G09=G05+G07。

G10——Y轴镜像，X、Y轴交换，即：G10=G06+G07。

G11——X轴镜像，Y轴镜像。X、Y轴交换。即：G11=G05+G06+G07。

G12——消除镜像，每个程序镜像结束后使用。

二、镜像加工举例

如图 7-2 所示的对称三角形，应用镜像及交换指令，编制加工程序。

编程时，先编制第一象限的图形程序，然后对程序稍加修改即成为镜像加工程序。

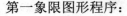

图 7-2 镜像加工

第一象限图形程序：

```
P10；

G92  X0  Y0；

G01  X10000  Y5000；

G01  X30000  Y5000；

G01  X10000  Y30000；

G01  X0  Y0；

M02；
```

镜像加工程序：

```
P20；

G05；                              X 轴镜像

G92  X0  Y0；

G01  X10000  Y5000；

G01  X30000  Y5000；

G01  X10000  Y30000；

G01  X0  Y0；

G12；                              消除镜像

M02；
```

任务二 对称凹模加工技能训练

一、工艺分析

如图 7-2 所示的凹模的成型部分为对称图形，运用 X 轴镜像，可使编程简单。将加工

坐标原点设定在 O 点，穿丝孔设在离尖角较近的位置，分别打在 A（-48，48）和 A'（48，48），退出点与穿丝点重合。在加工过程中，加工完成左边凹模后，利用程序暂停指令 M00 进行拆丝，然后用 G00 指令将机床定位在右边凹模的穿丝点 A'，再运行暂停指令 M00，再重新穿丝，启动机床加工右边凹模。

二、工艺实施

（1）加工穿丝孔。

（2）装夹，穿丝，电极丝校直，定位。装夹后可用基准面或拉表找正。穿丝后应检查电极丝是否在导轮内并测试张力。电极丝校直后可用机床的自动找中功能定位。

（3）乳化液的配制及流量的确定。

（4）开控制箱电源，开计算机，机床功能检查。

（5）编程。

加工程序如下：

N10 T84 T86 G90 G92 X-48.0 Y48.0;	采用绝对坐标编程，A 点为穿丝点
N12 G41 D100 G01 X-54.821 Y56.168;	从穿丝点 A 到切割起点 B
N14 G01 X-54.821 Y0;	切割直线 BC
N16 G01 X-24.821 Y0;	切割直线 CD
N18 G01 X-24.821 Y26.921;	切割直线 DE
N20 G03 X-27.449 Y29.898 I-3.0 J0;	逆时针切割圆弧 EF
N22 G03 X-39.821 Y30.668 I-12.372 J-98.980;	逆时针切割圆弧 FG
N24 G02 X-39.821 Y41.668 I0 J5.5;	顺时针切割圆弧 GH
N26 G02 X-28.170 Y40.989 I0 J-100.250;	顺时针切割圆弧 HI
N28 G03 X-24.821 Y43.968 I0.349 J2.979;	逆时针切割圆弧 IJ
N30 G1 X-24.821 Y56.168;	切割直线 JK
N32 G01 X-54.821 Y56.168;	切割直线 KB
N34 G01 X-48.0 Y48.0;	从切割终点 B 到退出点 A
N36 M00;	程序暂停，拆丝
N38 G05 G00 X-48.0 Y48.0;	采用镜像命令，快速移动至穿丝点 A'
N40 M00;	程序暂停，穿丝
N42 G01 X-54.821 Y56.168;	从穿丝点 A' 到切割起点 B'
N44 G01 X-54.821 Y0;	切割直线 $B'C'$
N46 G01 X-24.821 Y0;	切割直线 $C'D'$
N48 G01 X-24.821 Y26.921;	切割直线 $D'E'$
N50 G03 X-27.449 Y29.898 I-3.0 J0;	切割圆弧 $E'F'$
N52 G03 X-39.821 Y30.668 I-12.372 J-98.98;	切割圆弧 $F'G'$
N54 G02 X-39.821 Y41.668 I0 J5.5;	切割圆弧 $G'H'$

N56	G02	X-28.170	Y40.989	I0	J-100.25;	切割圆弧 $H'I'$
N58	G03	X-24.821	Y43.968	I0.349	J2.979;	切割圆弧 $I'J'$
N80	G01	X-24.821	Y56.168;			切割直线 $J'K'$
N62	G01	X-54.821	Y56.168;			切割直线 $K'B'$
N64	G40	G01	X-48.0	Y48.0;		从切割终点 B' 到退出点 A'
N66	G12;					取消镜像命令
N68	T85	T87	M02;			程序停止

任务三　对称零件线切割加工实训

一、实训目的

（1）掌握运用镜像及交换指令编程并加工零件的方法。

（2）通过对零件的加工，熟练掌握线切割机床操作技能。

二、实训内容

零件如图 7-3 所示，零件厚度为 5mm，加工表面粗糙度 Ra 要求为 3.2μm。

三、实训步骤

1. 数控加工分析

分析零件图样，选择定位基准，确定工艺路线，确定各项工艺参数。

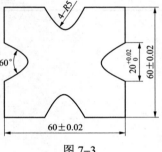

图 7-3

2. 编制程序

根据零件的加工工艺分析，编写加工程序。

3. 测量工件

根据零件图要求，选择合适的量具对工件进行检测，并对零件进行质量分析。零件检测标准见表 7-1。

表 7-1　　　　　　　　　加 工 实 训 评 分 表

考核内容	评 分 项 目	配分	评 分 标 准	扣分记录及备注	得 分
加工前的准备工作	1. 熟练穿丝 2. 钼丝垂直度的校核 3. 钼丝的张紧	5 3 2			
编写加工程序	1. 熟练编写加工程序 2. 应有工艺分析过程	6 4			
工件的定位与夹紧	1. 工件定位合理 2. 工件正确装夹	6 4			

续表

考核内容	评 分 项 目	配分	评 分 标 准	扣分记录及备注	得 分
机床操作	1. 开机顺序正确 2. 正确将代码送入控制箱 3. 控制柜面板按钮操作正确 4. 选择合理的工艺参数 5. 合理调整工作液流量	3 2 3 5 2			
工件的尺寸	1. 60 ± 0.02mm	10	超差 0.01 扣 1 分		
	2. $20^{+0.02}_{0}$ mm	10	超差 0.01 扣 1 分		
	3. 4 处 60°（公差范围：$\pm 0.1°$）	10	超差 0.02° 扣 1 分		
	4. 4 处 $R5$mm（公差范围：± 0.1mm）	10	超差 0.02 扣 1 分		
工件的表面质量	Ra 3.2μm	5			
加工后的工作	1. 加工后应清理机床 2. 填写记录	3 2			
安全文明生产	整个操作过程应安全文明	5			
额定时间	90min		每超时 1min 扣 1 分		
开始时间		结束时间		实际时间	成绩

项 目 八

锥 度 凹 模 加 工

 项目导入

本任务要求运用线切割机床加工如图 8-1 所示的带锥度的凹模，工件厚度 H=8mm，刀口斜度 A=15°，下导轮中心到工作台面高度 W=60mm，工作台面到上导轮中心高度 S=100mm，加工表面粗糙度 Ra 为 3.2μm，电极丝为 ϕ0.18 的钼丝，单边放电间隙为 0.01mm。图中标注尺寸为平均尺寸，采用 ISO 代码编程。

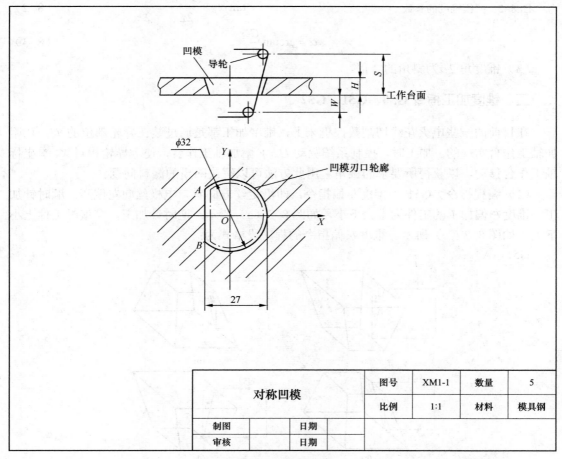

对称凹模		图号	XM1-1	数量	5
		比例	1:1	材料	模具钢
制图		日期			
审核		日期			

图 8-1 对称凹模

任务一 学习锥度加工指令

一、和锥度有关的几个概念

凹模锥度的参数如图 8-2 所示。

（1）锥度 C。

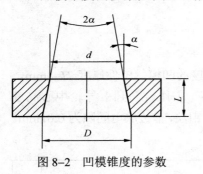

图 8-2 凹模锥度的参数

$$C = \frac{D-d}{L} \qquad (8-1)$$

式中 D——锥孔大端直径，mm；

d——锥孔小端直径，mm；

L——工件上圆锥段长度，mm。

（2）斜角 α（又称圆锥半角）。

$$\tan \alpha = \frac{D-d}{2L} = \frac{C}{2} \qquad (8-2)$$

$$\alpha = \arctan \frac{C}{2} \qquad (8-3)$$

（3）锥度角 2α 为斜角的 2 倍。

二、锥度加工指令 G50、G51、G52

在目前的一些电火花线切割数控机床上，锥度加工都是通过装在导轮部位的 U、V 附加轴工作台实现的。加工时，控制系统驱动 U、V 附加轴工作台，使上导轮相对 X、Y 坐标轴工作台移动，以获得所要求的锥角。用此方法可以解决凹模的漏料问题。

（1）编程指令。G51 为锥度左偏指令，即沿走丝方向看，电极丝向左偏离。顺时针加工，锥度左偏加工的工件为上大下小，如图 8-3（a）所示；逆时针加工，左偏时工件上小下大，如图 8-3（c）所示。锥度左偏指令的程序段格式为：

G51 A__;

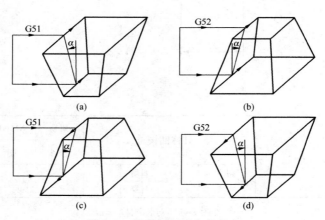

图 8-3 锥度加工指令的意义

（a）顺时针方向加工：G51；（b）顺时针方向加工：G52；（c）逆时针方向加工：G51；（d）逆时针方向加工：G52

G52 为锥度右偏指令，用此指令顺时针加工，工件上小下大，如图 8-3（b）所示；逆时针加工，工件上大下小，如图 8-3（d）所示；锥度右偏指令的程序段格式为：G52　A__；

程序段中：A 表示锥度值，G50 为取消锥度指令。

（2）锥度加工条件。进行锥度线切割加工，首先必须输入下列参数：

1）上导轮中心到工作台面的距离 S；

2）工作台面到下导轮中心的距离 W；

3）工件厚度 H。

如图 8-4 所示。

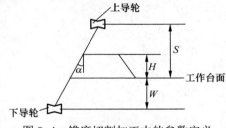

图 8-4　锥度切割加工中的参数定义

（3）锥度加工的建立和退出。锥度加工的建立和退出过程如图 8-5 所示，建立锥度加工（G51 或 G52）和退出锥度加工（G50）程序段必须是 G01 直线插补程序段，分别在进刀线和退刀线中完成。

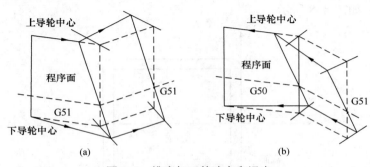

图 8-5　锥度加工的建立和退出

（a）建立锥度加工；（b）退出锥度加工

锥度加工的建立是从建立锥度加工直线插补程序段的起始点开始偏摆电极丝，到该程序段的终点时电极丝偏摆到指定的锥度值，如图 8-5（a）所示。图中的程序面为待加工工件的下表面，与工作台面重合。

锥度加工的退出是从退出锥度加工直线插补程序段的起始点开始偏摆电极丝，到该程序段的终点时电极丝摆回 0°值（垂直状态），如图 8-5（b）所示。

（4）在下述情况下不可能得到理论规定的倾斜度的加工面。

1）直线与圆弧相交，如图 8-6 所示。

2）圆弧与圆弧相交，如图 8-7 所示。

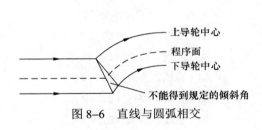

图 8-6　直线与圆弧相交

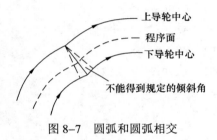

图 8-7　圆弧和圆弧相交

101

（5）程序格式。

如下例所示：

```
G90  G92  X0  Y0;
W60.0;                                    工作台面到下导轮中心的距离 W=60mm
H40.0;                                    工件厚度 H=40mm
S100.0;                                   上导轮中心到工作台面的距离 S=100mm
G52  A3;                                  在进刀线之前，设定锥度为3°
⋮
G50;                                      G50 取消锥度，必须放在退刀线之前
⋮
M02;
```

（6）锥度加工举例。加工一个边长为 8mm 的正四棱锥，斜度为 1°，采用恒锥度方式，切入长度 4mm，如图 8-8 所示。

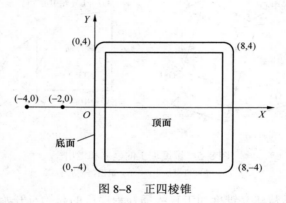

图 8-8 正四棱锥

按绝对方式编程为：

```
%CONSTANT  TAPER                          注释，恒锥度方式
G92  X-4.0  Y0;                           起始点（-4，0）
W60.0;
H150.0;
S100.0;
G01  X-2.0;                               加工直线，终点（-2，0）
G41  D100;                                左侧偏移，偏移值为100μm
G52  A1.0;                                斜角1°，丝上端向右斜
G01  X0;                                  加工直线，终点（0，0）
G01  Y4.0;                                加工直线，终点（0，4）
X8.0;                                     加工直线，终点（8，4）
Y-4.0;                                    加工直线，终点（8，-4）
X0;                                       加工直线，终点（0，-4）
```

Y0;	加工直线，终点（0，0）
G50;	恢复无锥度加工的常态
G40;	取消偏移
X−4.0;	回起始点（−4，0）
M02;	加工结束

任务二　加工带锥度半圆形凹模

一、工艺分析

首先按平均尺寸绘制凹模刃口轮廓圆，建立如图 8−1 所示的坐标系，用 CAD（或计算机）绘图，求出节点坐标值：A（−11.000，11.619），B（−11.000，11.619）；其次取 O 点为穿丝点，加工顺序为：$O→A→B→A→O$；考虑凹模间隙补偿 R=0.18/2+0.01=0.1mm。同时应特别注意 G41、G51 与 G52 的区别。

二、工艺实施

（1）加工穿丝孔。

（2）装夹，穿丝，电极丝校直，定位。装夹后可用基准面或拉表找正。穿丝后应检查电极丝是否在导轮内并测试张力。电极丝校直后可用机床的自动找中功能定位。

（3）乳化液的配制及流量的确定。

（4）开控制箱电源、开计算机，机床功能检查。

（5）编程。

加工程序如下：

```
G90  G92  X0  Y0;
W60.0;
H8.0;
S100.0;
G51  A0.25;
G42  D100;
G01  X−11.0  Y−11.619;
G02  X−11.0  Y−11.619  I−11.0  J−11.619;
G01  X−11.0  Y−11.619;
G50;
G40;
G01  X0  Y0;
M02;
```

任务三 加工带锥度梅花形凹模

本任务要求运用线切割机床加工带锥度梅花形凹模，零件尺寸如图 8–9 所示，材料为 9Mn2V 钢。

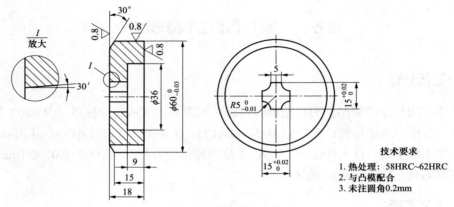

图 8–9 带锥度梅花形凹模

一、工艺分析

1. 图纸尺寸及其标注

凹模尺寸标注完整，刃口主要尺寸为：长、宽均为 $15^{+0.02}_{0}$ mm，圆弧半径 R 为 $5.0^{0}_{-0.01}$ mm，表面粗糙度 $Ra1.6\mu m$。凹模刃口有 30° 斜度要求。

刃口是凹模上表面与刃壁的交线，它是直接参加板料冲裁分离的部分，直接影响到冲裁力的大小和冲裁件断面质量，因此要保证刃口的尺寸精度，可将刃口面作为编程平面。

2. 图纸技术要求

9Mn2V 淬火后硬度大于 62HRC，但回火稳定性差，当回火温度大于 200℃时，硬度显著下降。因此一般回火温度为 160～180℃。这一温度处于线切割加工的不利区（残余应力大），应采用预加工或二次切割。

凹模需与凹模配合，未注圆角为 R0.2mm，满足最小内圆弧半径 $R_{内min} \geq$ 电极丝半径 $r_{丝}$+单侧放电间隙 $S_{电}$。

零件的结构形状、厚度适合线切割加工，加工的精度和表面粗糙度在线切割加工范围内。

二、制订加工方案

1. 选择机床

对于一般冷冲模，刃口锥度不超过 1°，切割时电极丝的变形量很小，不会出现加工不稳定或足电极丝脱槽现象。根据工件的尺寸、精度及表面粗糙度的要求，选择平移式锥度切割机构、DK7725 型线切割机床。

2. 电极丝选择与安装

电极丝选用 ϕ0.18mm 的钼丝。工件厚度为 18mm，因此可将上丝架放至最低位置。完成上丝操作后，用校正器校正电极丝与坐标工作台表面的垂直度。

3. 工作液准备

工件的厚度小，加工精度及表面粗糙度要求高，工作液配比浓度应高些，综合考虑，工作液的浓度定为 15%。

4. 工件准备

凹模准备过程的工艺路线如下：

（1）车：ϕ60mm 外圆，留 0.3～0.5mm 磨量，上下面留 0.4mm 磨量。精车 ϕ36mm 落料孔达到图纸要求。钻、铰 ϕ5mm 穿丝孔。

（2）热处理：58HRC～62HRC。

（3）磨：精磨 ϕ60mm 外圆，磨上下端面达到图纸要求。

（4）去除穿丝孔起割处（即进刀点）的积盐氧化皮。

（5）进行退磁处理。

完成准备过程后的凹模如图 8-10 所示。

5. 工件装夹以及电极丝和工件的定位

（1）工件装夹。圆形工件毛坯形状不大，装夹余量小，并且对外形位置有要求，确定采用直角形夹具悬伸方式装夹，如图 8-11 所示。

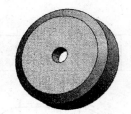
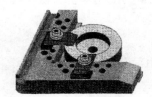
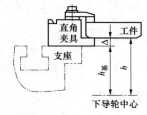

图 8-10　凹模的预加工　　　　　　图 8-11　工件装夹

装夹时注意，以凹模的刀口面作为定位基准面，先将工件固定在直角形夹具上，步骤如下：

步骤 1：将工件刃口面朝下夹持在直角形夹具上。夹紧工件时要注意夹紧力均匀，不得使工件变形或翘起。同时要充分考虑装夹部位和穿丝切割位置，保证切割路径通畅。

步骤 2：用压板将直角形夹具轻轻压在支座上。切割部位必须位于工作台的行程范围内，并有利于工件校正。找正直角基准面与工作台运动方向平行。

图 8-11 装夹属于工件底面高于支座上表面的情况，下导轮中心点到工件底面的距离 $h=h_{\text{基}}+\Delta$。

此外，本例为倒锥加工，落料形状上大下小。在加工即将结束时，要防止落料落下卡住，夹断电极丝。

（2）电极丝和工件的定位按照以下步骤进行。

步骤 1：工件装夹好后，将电极丝穿入穿丝孔中，并勾入导轮槽，移动 X、Y 轴拖板位置，使电极丝完全在孔中，注意电极丝一定不能脱出导轮槽，检查电极丝是否在排丝轮槽中或挡丝块上，固定并剪掉多余的丝。

步骤2：用手柄摇储丝筒进入工作行程后，将储丝筒罩板罩上。

步骤3：检查电极丝在穿丝孔中的位置。本例中的穿丝孔作为定位基准，需找中心。

 注意

在自动找中心之前，一定要将工艺孔清理干净，孔壁不能有油污及不导电物质。否则，电极丝移动到孔壁时不能自动感知，导致机床不能自动换向，最后拉断电极丝。

步骤4：挡上工作台的挡板。

三、编制程序和加工零件

使用线切割机床自带的软件进行绘图和自动编程，再加工零件。过程略。

任务四　长圆锥孔加工实训

一、实训目的

（1）掌握运用锥堵加工指令编程并加工零件的方法。
（2）通过对零件的加工，熟练掌握线切割机床操作技能。

二、实训内容

零件如图8-12所示，加工表面粗糙度 Ra 要求为3.2μm。

三、实训步骤

1. 数控加工分析

分析零件图样，选择定位基准，确定工艺路线，确定各项工艺参数。

2. 编制程序

根据零件的加工工艺分析，编写加工程序。

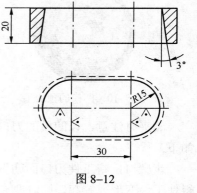

图 8-12

3. 测量工件

根据零件图要求，选择合适的量具对工件进行检测，并对零件进行质量分析。零件检测标准见表8-1。

表 8-1　　　　　　　加 工 实 训 评 分 表

考核内容	评 分 项 目	配分	评 分 标 准	扣分记录及备注	得 分
加工前的准备工作	1. 熟练穿丝 2. 钼丝垂直度的校核 3. 钼丝的张紧	5 3 2			

续表

考核内容	评 分 项 目	配分	评 分 标 准	扣分记录及备注	得 分
编写加工程序	1. 熟练编写加工程序 2. 应有工艺分析过程	6 4			
工件的定位与夹紧	1. 工件定位合理 2. 工件正确装夹	6 4			
机床操作	1. 开机顺序正确 2. 正确将代码送入控制箱 3. 控制柜面板按钮操作正确 4. 选择合理的工艺参数 5. 合理调整工作液流量	3 2 3 5 2			
工件的尺寸	1. 30mm（公差范围：±0.1mm） 2. 2 处 $R15mm$（公差范围：±0.05mm） 3. 锥度 3°（公差范围：±0.1°）	10 10 20	超差 0.01mm 扣 1 分 超差 0.01mm 扣 1 分 超差 0.02° 扣 1 分		
工件的表面质量	$Ra3.2\mu m$	5			
加工后的工作	1. 加工后应清理机床 2. 填写记录	3 2			
安全文明生产	整个操作过程中应安全文明	5			
额定时间	90min		每超时 1min 扣 1 分		
开始时间		结束时间		实际时间	成绩

任务五　知识拓展：提高线切割机床加工尺寸精度的途径

一、减小电极丝的振动

电极丝振动的振源有储丝筒的换向振动、导轮的振动（包括径向圆跳动和偏摆等）及电火花放电等。储丝筒换向时造成的线架振动，又影响电极丝的动态稳定性。下面从导轮、线架、丝速、张力以及挡丝机构等方面进行分析。

（1）线架。线架在外振力的作用下，除了整体摆动外，还有弯曲变形。适当加大线架立柱在 X 方向及线架横梁方向上的尺寸，对提高电极丝运行时的动态稳定性是有利的。此外，线架立柱与上、下横梁的连接刚度也很重要。

（2）导轮。导轮的振动对电极丝的振动有直接而严重的影响。因此，对导轮的径向圆跳动及摆动应该严格控制，特别是导轮与导轮座装配到上、下线臂后的径向圆跳动及偏摆往往和导轮的原始精度差别较大。走丝系统中所有导轮 V 形槽的中间平面，都应该严格处于同一个平面,任何一个导轮 V 形槽的中间平面偏离该平面或导轮轴心线与该平面不垂直,都会加剧电极丝的振动。因此，导轮数少一些好。导轮轴承的工作环境很差，应采用好的润滑脂，并应尽量消除轴承间隙。

（3）丝速。丝速过高，造成导轮径向圆跳动的频率也高，而电极丝振动的最大幅值是随导轮径向圆跳动的频率增加而成一定比例增加。可见在可能条件下适当降低走丝速度，将有利于提高线切割加工的精度。

（4）挡丝机构。使用挡丝机构的确能有效地阻隔由加工区传来的振动，挡丝机构对提高高速走丝线切割机床切割加工精度很重要。

（5）张力。张力过小会频繁短路，导致加工不稳定，而使切割效率下降，并严重影响加工精度。如果要求加工精度高一些，张力的大小与平稳性就不能不考虑了。

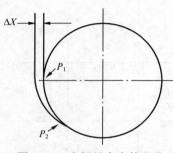

图 8-13　电极丝支点的飘移

张力的大小会造成电极丝在导轮上支点位置的变化，如图 8-13 所示。张力大时，支点在点 P_1 附近，张力小时，会飘移至 P_2 附近，因而导致电极丝在 X 方向上的位置飘移了 ΔX，实验证明，当张力为 9.8N 时，$\Delta X \approx 8 \sim 10 \mu m$，张力增大时，$\Delta X$ 变小，而张力减小时，ΔX 迅速增大。另外由于电极丝处于储丝筒的收丝侧与放丝侧的不同，存在着收丝侧紧、放丝侧松的区别，在正反向运行时，上、下导轮上电极丝的张力状态是不同的，由此所形成 ΔX 的周期性变化，影响了电极丝在空间的位置，所以张力过小是不行的。

有的生产厂家已为新生产的线切割机床增设了恒张力机构，这对改善电极丝因伸长而引起的松弛，减小电极丝晃动量，有一定的好处。

二、减少热变形

脉冲电源、机床电器及工作液箱等热源，最好不要装在床身内，万不得已时，应该有良好的通风降温措施。

锥度凸模加工

项目导入

本任务要求运用线切割机床加工如图 9-1 所示的锥度凸模,要求上小下大,工件厚度 55mm,切割锥度为 1.5°。

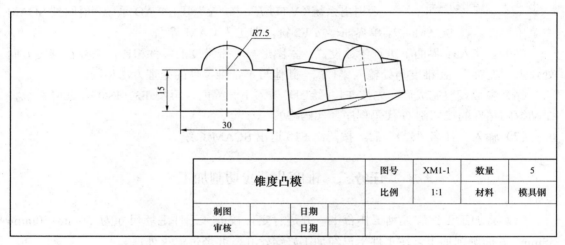

锥度凸模		图号	XM1-1	数量	5
		比例	1:1	材料	模具钢
制图		日期			
审核		日期			

图 9-1 锥度凸模

任务一 锥度凸模工艺分析与编程

一、工艺分析

锥度零件的加工通常有两种类型:一种是尖角锥度零件加工,另一种是恒锥度零件加工。锥度零件加工时,需要采用四轴联动,即 X 轴、Y 轴、U 轴和 V 轴。切割锥度的大小应根据机床的最大切割锥度确定。

锥度零件切割时,还应注意钼丝偏移的角度值,及沿切割轨迹方向上是左偏移还是右偏移,这决定了工件上、下表面的尺寸大小。倘若上表面尺寸大,则切割结束后工件下落时,会将钼丝卡住,造成断丝情况发生。

锥度零件切割时,往往工件比较厚,且钼丝存在扭曲情况,工作液的浓度应降低些,钼丝可选择粗丝,电参数选择大电流、长脉宽。

二、锥度凸模编程

使用本书项目二所介绍的 FWU 线切割机床加工零件。

（1）在 CNC 主画面下按 F8，即进入 SCAM 系统。在 SCAM 主菜单画面下按 F1 功能键进入 CAD 绘图软件。

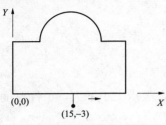

图 9–2　图形切割路径

（2）在 CAD 界面下，可直接绘制零件图，也可从软盘读入绘制好的图形（DXF 或 DWG 格式文件）。

（3）图形绘制完成后，把该零件图转换成加工路径状态（指定穿丝点、切入点、切割方向等）。这时切割轨迹在屏幕上变成绿色，白色箭头指示切割方向），如图 9–2 所示。

（4）键入"QUIT"后按 Enter 键，屏幕下边接着出现："是否退出系统（Y/N）？"，按"Y"退出 CAD 系统，返回到 SCAM 主菜单界面。在 SCAM 主菜单界面，按 F2 键，即进入 CAM 界面。

（5）在 CAM 界面下进行参数设置：本图形与不带锥度的零件相比，需要在锥度方向处输入"左锥"，在锥度角处输入"1.5"，其他与不带锥零件的处理方法相同。

（6）参数设置完成后，先按 F1（绘图）转入下一界面，再按 F3（ISO），此时系统将自动编制零件的线切割 G 代码程序（代码略）。

（7）输入文件名"ZD"后，按两次 F10 退出 SCAM 系统。

任务二　锥度凸模线切割加工

（1）将加工工件装夹到工作台上，并进行定位校准（工件毛坯尺寸为 50mm*60mm*55mm，6 面磨削加工，在工件上已经加工好穿丝孔，并经过淬火处理）。

（2）将钼丝从穿丝孔穿过，完成穿丝操作；再用钼丝垂直校正器找正钼丝。

（3）锥度零件线切割加工。

1）在手动模式下，按 F6 键，输入锥度加工必需的 3 个参数（见图 9–3）。

本系统的锥度加工需要输入 3 个数据：上导丝轮至工作台面、下导丝轮至工作台面及工件厚度，其概念如图 9–4 所示。

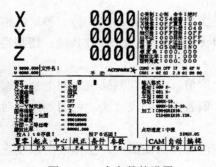

图 9–3　3 个参数的设置

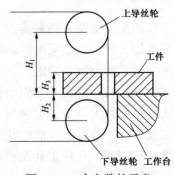

图 9–4　3 个参数的示意

2）3 个参数设置结束后，按 F10 键，进入编辑模式。再按 F1 键，从硬盘装入编写好的程序（ZD. ISO）后，按 F9 键，进入自动模式。

3）在自动模式界面下，按 F3 键，将"模拟"的"OFF"状态，改为"ON'"状态，按 Enter 键确认后，系统将自动模拟运行检查程序。

4）模拟结束后，将"模拟"状态改回"OFF"，再按 Enter 键，机床将开启工作液泵，开走丝，开始执行编程指令，沿凸模的切割路径进行切割。

5）切割完毕后，关闭控制系统并切断电源，将工件取下，清理保养机床。

CAXA 数控线切割自动编程

任务一　应用 CAXA 线切割 XP 系统绘图

　　CAXA 线切割 XP 是专门针对线切割设计和加工人员的需要而开发的实用计算机辅助制造软件,是一个方便快捷、易学易用的 CAD/CAM 集成软件。它可以为各种线切割机床提供高速、高效、自动、便捷的编程,编制高品质的数控代码,极大地简化了编程人员的工作量,将逐步替代早期的自动编程软件。

一、用户界面

　　如图 10-1 所示为 CAXA 线切割 XP 系统用户界面,它包括三大部分:绘图功能区、菜单系统和状态显示与提示。

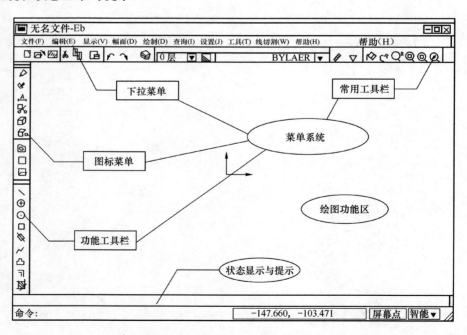

图 10-1　CAXA 线切割 XP 系统基本用户界面

　1. 绘图功能区

　　绘图功能区是用户进行绘图设计的工作区域,它占据了屏幕的大部分面积。绘图区中央设有一个二维直角坐标系,是绘图时的缺省坐标系。

112

2. 菜单系统

CAXA 线切割 XP 系统的菜单系统包括下拉菜单、图标菜单、立即菜单、工具菜单和工具栏等 5 个部分。

（1）下拉菜单。下拉菜单位于屏幕的顶部，由一行主菜单及其下拉子菜单组成，主菜单包括文件、编辑、显示、幅面、绘制、查询、设置、工具、线切割和帮助，每个部分含有若干下拉子菜单选项。

（2）图标菜单。图标菜单缺省时位于屏幕左侧的上部，它包括基本曲线、高级曲线、工程标注、曲线编辑、块操作、图库、轨迹生成、代码生成和代码传输/后置设置 9 个部分，每个菜单含有若干命令项。

（3）立即菜单。立即菜单是当功能命令项被选中时，在绘图区的左下角弹出的菜单，它描述了该项命令执行的各种情况和使用条件。用户根据当前的作图要求，正确选择某一项，即可得到准确的响应。

（4）工具菜单。工具菜单包括工具点菜单和拾取元素菜单。

（5）工具栏。工具栏包括常用工具栏和功能工具栏两部分。常用工具栏为下拉菜单中的一些常用命令，为了提高效率，将它们以图标的形式集中在一起组成了常用工具栏。功能工具栏对应于图标菜单的各项，选中不同的图标菜单，会显示不同的功能工具栏。CAXA 线切割 XP 系统的功能操作主要集中在这里。

3. 状态显示与提示

屏幕的下方为状态显示与提示框，显示当前坐标、当前命令以及对用户操作的提示等。它包括当前点坐标显示、操作信息提示、工具菜单状态提示、点捕捉状态提示、命令与数据输入等 5 项。

二、基本操作

1. 常用键的含义

（1）鼠标。左键：点取菜单、拾取选择。右键：确认拾取、终止当前命令、重复上一条命令（在命令状态下）；弹出操作热菜单（在选中实体时）。

（2）回车键。确认选中的命令、结束数据输入或确认缺省值、重复上一条命令（同鼠标右键）。

（3）空格键。弹出工具点菜单或弹出拾取元素菜单。

（4）快捷键 Alt+F1～Alt+F9。其功能是迅速激活立即菜单相应数字所对应的菜单命令。

（5）控制光标的键盘键。方向键：在输入框中移动光标，移动绘图区的显示中心。Home键：在输入框中将光标移至行首。End 键：在输入框中将光标移至行尾。

（6）功能热键。Esc 键：取消当前命令。F1 键：请求系统帮助。F3 键：显示全部。F8键：显示鹰眼。F9 键：全屏显示。

2. 点的输入

CAXA 线切割 XP 系统对点的输入提供了三种方式：键盘输入、鼠标点取输入和工具点的捕捉。

（1）键盘输入。通过键盘输入点的坐标值（X、Y）以达到输入点的目的。点的坐标分为绝对坐标和相对坐标两种，绝对坐标输入时只需输入点的坐标值，它们之间用逗号隔开。相对坐标输入时，需在第一个数值前加一个符号@。例如输入"@20，10"表示输入一个相对于前一点的坐标为（20，10）的点。

（2）鼠标输入。鼠标输入是指通过移动鼠标选择需要的点，按下鼠标左键，该点即被选中。

（3）工具点的捕捉。工具点是指作图过程中有几何特征的圆心点、切点、端点等。而工具点捕捉就是利用鼠标捕捉"工具点菜单"中的某个特征点。当需要输入特征点时，按空格键即可弹出"工具点菜单"，它包括以下内容：（S）屏幕点、（E）端点、（M）中点、（C）圆心、（I）交点、（T）切点、（P）垂足点、（N）最近点、（K）孤立点、（O）象限点。

3. 实体的拾取

拾取实体是根据需要在已经绘出或生成的直线、圆弧等实体中选择需要的一个或多个。实体的拾取是经常要用到的操作，需熟练掌握。当交互操作处于拾取状态时，按下空格键可弹出拾取元素菜单，包括以下几项。

（1）拾取所有。将所有生成的轨迹都拾取上。

（2）拾取添加。需用户挨个拾取需批量处理的各加工轨迹。

（3）取消所有。取消已经拾取的所有加工轨迹。

（4）拾取取消。可改变轨迹的拾取状态，与拾取轮廓线功能中的"拾取取消"相比，轨迹拾取取消不会自动取消最近的拾取记录，而是由用户指定需取消的轨迹。

（5）取消尾项。取消最后拾取的一段加工轨迹。

拾取元素菜单中的前两项可不需弹出菜单而直接使用。注意：绘图时的拾取元素菜单同生成轨迹时的拾取元素菜单不同，需区别对待。

4. 立即菜单的操作

用户在输入某些命令时，绘图区左下角会弹出一行立即菜单。如输入画直线的命令（从键盘输入"line"或用鼠标点击相应的命令），系统立即弹出如图 10-2 所示的立即菜单及相应的操作提示。

图 10-2　立即菜单

此菜单表示当前待画的直线为两点线方式，非正交的连续直线。同时下面的提示框显示提示"第一点（切点、垂足点）："。用户按要求输入起点后，系统会提示"第二点（切点，垂足点）："。

立即菜单的主要作用是可以选择某一命令的不同功能。例如：想画一条正交直线，可用鼠标点取"3：非正交"旁的按钮或利用快捷键（Alt+F3）将其切换为"3：正交"。另还可以点取"1：两点线"旁的按钮，选择不同的画直线方式（平行线、角度线、曲线、切线/法线、角等分线、水平/铅垂线）。

下面用一个简单的例子来体会上述这些基本操作。首先选取功能命令项中的"圆"命令选择"1：圆心-半径""2：半径"模式，系统提示"圆心点："从键盘输入"0，0"后按提示继续输入半径"20"，屏幕上即画出一个圆，按鼠标右键结束命令。用同样的方法在旁边画一个圆，如图10-3所示。

接着选取直线命令，用"1：两点线""2：连续""3：非正交"模式，系统提示输入起点时，按下空格键，此时弹出如图10-4所示的点工具菜单。

图10-3　画圆　　　　　　　　　　图10-4　点工具菜单

选择"T 切点"，当系统提示输入起点和终点时，分别用鼠标点取两圆，则画出了两圆的一条切线。用户必须注意的是，在拾取圆时，拾取的位置不同，则切线绘制的位置也不同。如图10-5 和图10-6所示是选取不同位置时画出的不同切线。

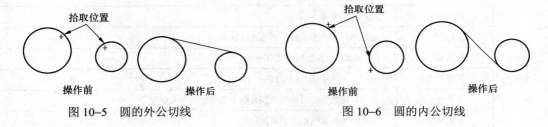

图10-5　圆的外公切线　　　　　　　图10-6　圆的内公切线

三、菜单命令系统简介

CAXA 线切割 XP 系统的功能都是通过各种不同类型的菜单和命令项来实现的。菜单系统包括下拉菜单、图标菜单、立即菜单、工具菜单等4 部分。

1. 下拉菜单

如图10-1 所示位于屏幕的顶部的下拉菜单由一行主菜单及其下拉子菜单组成。主菜单包括文件、编辑、显示、幅面、绘制、查询、设置、工具、线切割和帮助，每个部分含有若干个下拉子菜单选项。

下拉菜单命令简介见表10-1。

表 10-1 　　　　　　　　　　**下 拉 菜 单 命 令 简 介**

主菜单	下拉菜单	功 能 简 介
文件	新文件	建立一个新文件
	打开文件	打开一个已有的文件
	存储文件	存储当前文件

续表

主菜单	下拉菜单	功 能 简 介
文件	另存文件	用另一个文件名存储当前文件
	文件检索	从本地计算机或网络计算机上查找符合条件的文件
	并入文件	将一个存在的文件并入当前文件
	部分存储	将当前文件的一部分存储为一个文件
	绘图输出	打印图纸
	数据接口	读入和输出 DWG、DXF、WMF、DAT、IGES、HPGL、AUTOP 等格式的文件，以及接收和输出视图
	应用程序管理器	管理电子图板二次开发的应用程序
	最近文件	显示最近打开过的一些文件名
	退出	退出本系统
编辑	取消操作	取消上一项操作
	重复操作	取消一个"取消操作"命令
	图形剪切	剪切掉选中的实体对象
	图形复制	复制选中的实体对象
	图形粘贴	粘贴实体对象
	选择性粘贴	选择剪贴板内容的属性后再进行粘贴
	插入对象	插入 OLE 对象到当前文件中
	删除对象	删除一个选中的 OLE 对象
	链接	实现以链接方式链接插入到文件中的对象的有关操作
	对象属性	查看对象的属性以及相关操作
	拾取删除	删除选中的对象
	删除所有	初始化绘图区，删除绘图区中所有实体对象
	改变颜色	改变所拾取图形元素的颜色
	改变线型	改变所拾取图形元素的线型
	改变层	改变所拾取图形元素的图层
显示	重画	刷新屏幕
	鹰眼	打开一个窗口对主窗口的显示部分进行选择
	显示窗口	用开窗口将图形放大
	显示平移	指定屏幕显示中心
	显示全部	显示全部图形
	显示复原	恢复图形显示的初始状态
	显示比例	输入比例对显示进行放大或缩小
	显示回溯	显示前一幅图形
	显示向后	相对于显示回溯的显示功能，相当于撤消一次显示回溯
	显示放大	按固定比例（1.25）将图形放大显示

主菜单	下拉菜单	功　能　简　介
显示	显示缩小	按固定比例（0.8）将图形缩小显示
	动态平移	利用鼠标的拖动平移图形
	动态缩放	利用鼠标的拖动缩放图形
	全屏显示	用全屏显示图形
幅面	图纸幅面	选择或定义图纸的大小
	图框设置	调入、定义和存储图框
	标题栏	调入、定义、存储或填写标题栏
	零件序号	生成、删除、编辑或设置零件序号
	明细表	有关零件明细表制作和填写的所有功能
绘制	基本曲线	绘制基本的直线、圆弧、样条等
	高级曲线	绘制多边形、公式曲线以及齿轮、花键和位图矢量化
	工程标注	标注尺寸、公差等
	曲线编辑	对曲线进行剪切、打断、过渡等编辑
	块操作	进行与块有关的各项操作
	库操作	从图库中提取图形及相关的各项操作
查询	点坐标	查询点的坐标
	两点距离	查询两点间的距离
	角度	查询角度
	元素属性	查询元素的属性
	周长	查询封闭曲线的周长
	面积	查询封闭曲线包含区域的面积
	重心	查询封闭曲线包含区域的重心
	惯性矩	查询所选封闭曲线相对所选直线的惯性矩
	系统状态	查询系统状态
设置	线型	定制和加载线型
	颜色	设置颜色
	层控制	新建和设置图层，以及图层管理
	屏幕点设置	设置屏幕点的捕捉属性
	拾取设置	设置拾取属性
	文字参数	设置和管理字型
	标注参数	设置尺寸标注的属性
	剖面图案	选择剖面图案
	用户坐标系	设置和操作用户坐标系
	三视图导航	根据两个视图生成第三个视图
	系统配置	设定如颜色、文字之类的系统环境参数

主菜单	下拉菜单	功　能　简　介
设置	恢复老面孔	将用户界面恢复到 CAXA 以前的形式
	自定义	自定义菜单和工具栏
工具	图纸管理系统	打开图纸管理系统
	打印排版工具	打开打印排版工具
	EXB 文件浏览器	打开电子图板文档浏览器
	记事本	打开 Windows 记事本工具
	计算器	打开 Windows 计算器工具
	画笔	打开 Windows 画笔工具
线切割	轨迹生成	生成加工轨迹
	轨迹跳步	用跳步方式链接所选轨迹
	跳步取消	取消轨迹之间的跳步链接
	轨迹仿真	进行轨迹加工的仿真演示
	查询切割面积	计算切割面积
	生成 3B 代码	生成所选轨迹的 3B 代码
	4B/R3B 代码	生成所选轨迹的 4B/R3B 代码
	校核 B 代码	校核已经生成的 B 代码
	G 代码	与 G 代码有关的各项操作
	查看/打印代码	查看或者打印已经打印的加工代码
	代码传输	传输已生成的加工代码
	R/3B 后置设置	对 R/3B 格式进行设置
帮助	日积月累	介绍软件的一些操作技巧
	帮助索引	打开软件的帮助
	命令列表	查看各功能的键盘命令及说明
	服务信息	查看与售后服务有关的信息
	关于电子图板	显示版本及用户信息

　　2. 图标菜单

　　图标菜单比较形象地表达了各个图标的功能。用户可以根据情况进行自定义，选取最常用的工具图标，放在合适的位置，以适应个人习惯。图标菜单包括标准工具栏菜单、常用工具栏菜单、属性工具栏菜单和绘图工具栏菜单 4 个部分。单击绘图工具栏中的各个命令按钮，将出现不同的绘图工具栏和线切割工具栏菜单。如图 10-7 所示是标准、常用、属性工具栏菜单。如图 10-8 所示是绘制工具栏菜单，要执行基本曲线、高级曲线、工程标注、曲线编辑、块操作、库操作、轨迹操作、代码生成、传输后置等工具栏中的命令，必须先单击绘制工具中相应的图标按钮，然后在弹出的子工具栏中选择要执行的命令按钮。如图 10-9 所示是工具栏菜单。

118

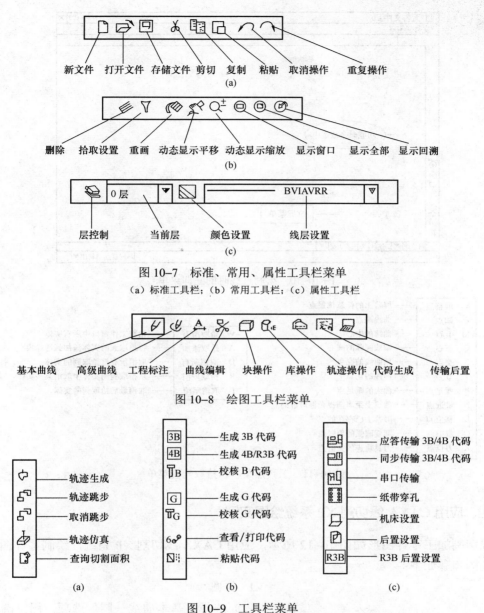

图 10-7 标准、常用、属性工具栏菜单

（a）标准工具栏；（b）常用工具栏；（c）属性工具栏

图 10-8 绘图工具栏菜单

图 10-9 工具栏菜单

（a）轨迹操作工具栏；（b）代码生成工具栏；（c）传输与后置工具栏

3. 立即菜单

当功能命令项被选中时，在绘图区的左下角弹出立即菜单，它描述该项命令执行的各种情况和使用条件，根据当前的作图要求，正确选择某一项，即可得到准确的响应。如图 10-10 所示是绘制直线时的立即菜单。当"画直线命令"被选中后，立即菜单中的"两点线""连续""非正交"就会出现。

4. 工具菜单

包括工具点菜单和拾取元素菜单，具体如图 10-11 所示。

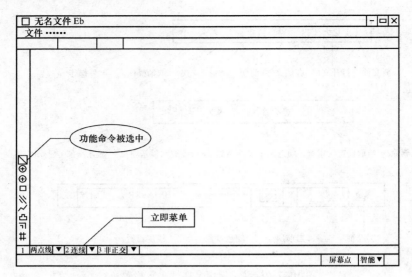

图 10-10　绘制直线时的立即菜单

图 10-11　工具点菜单和拾取元素菜单

四、应用 CAXA 线切割 XP 系统绘图实例

线切割加工零件图形如图 10-12 所示，应用 CAXA 线切割 XP 系统，绘制零件图形。
作图步骤如下：

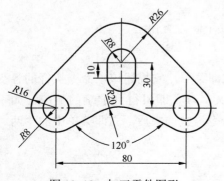

图 10-12　加工零件图形

1. 作圆

（1）选择"基本曲线—圆"选项，用"圆心—半径"方式作圆；

（2）输入"0，0"以确定圆心位置，再输入半径值"8"作一圆；

（3）不要结束命令，在系统仍然提示"输入圆弧一点或半径"时输入"26"，作一较大的圆，单击调整键结束命令；

（4）继续使用以上的命令作圆，输入圆心点"-40，-30"，分别输入半径值"8"和"16"，作另一组同心圆。

2. 作直线

（1）选择"基本曲线—直线"选项，选用"两点线"方式，系统提示输入"第一点（切点，垂足点）"位置。

（2）单击空格键激活特征点捕捉菜单，从中选择"切点"。

（3）在 R16 的圆的适当位置上单击，此时移动鼠标可看到光标拖画出一条假想线，此时系统提示输入"第二点（切点，垂足点）"。

（4）单击空格键，激活特征点捕捉菜单，从中选择"切点"。

（5）在 R26 的圆的适当位置确定切点，便可方便地得到这两个圆的外公切线。

（6）选择"基本曲线—直线"，单击"两点线"标志，换用"角度线"方式。

（7）单击第二个参数后的下拉标志，在弹出的菜单中选择"X 轴夹角"。

（8）单击"角度=45"标志，输入新的角度值"30"。

（9）选择"切点"，在 R16 圆的右下方适当的位置单击。

（10）拖假想线至适当位置后，单击命令键，完成操作。

3. 作对称图形

（1）选择"曲线生成—直线"选项，选用"两点线"，切换为"正交"方式。

（2）输入"0，0"，拖动鼠标画一条铅垂的直线。

（3）在下拉菜单中选择"曲线编辑—镜像"选项，用默认的"选择轴线""拷贝"方式，此时系统提示拾取元素，分别单击刚生成的两条直线与图形左下方的半径为 8 和 16 的同心圆后，单击调整键确认。

（4）此时系统又提示拾取轴线，拾取刚画的铅垂直线，确定后便可得到对称的图形。

4. 作长圆孔形

（1）选择"曲线编辑—平移"选项，选用"给定偏移""拷贝"和"正交"方式。

（2）系统提示拾取元素，单击 R8 的圆，单击调整键确认。

（3）系统提示"X 和 Y 方向偏移量或位置点"，输入"0，-10"，表示 X 轴方向位移为0。Y 轴方向位移为-10。

（4）用刚使用过的作公切线的方法生成图中的两条竖直线。

5. 最后编辑

（1）选择橡皮头图标，系统提示"拾取几何元素"。

（2）单击铅垂线，确定后删除此线。

（3）选择"曲线编辑—过渡"选项，选用"圆角"和"裁剪"方式，输入"半径"值为"20"。

（4）依提示分别单击两条斜线，得到所需的圆弧过渡。

（5）选择"曲线编辑—裁剪"选项，选用"快速裁剪"方式，系统提示"拾取要裁剪的曲线"。

（6）将例图中不存在的线段删除，完成所绘图形。

任务二 学习数控线切割自动编程基础

下面将介绍 CAXA 线切割编程基础知识,通过完成任务,要求能掌握 CAXA 线切割 XP 系统自动编程基础知识。

一、轮廓

轮廓如图 10-13 所示,是一系列首尾相接曲线的集合。在进行数控编程、交互指定待加工图形时,常常需要用户指定图形的轮廓,用来界定被加工的区域或被加工的图形本身。如果轮廓是用来界定被加工区域的,则要求指定的轮廓是闭合的;如果加工的是轮廓本身,则轮廓也可以不闭合。对所有的轮廓,要求其不应有自交点。

二、加工误差与步长

加工轨迹和实际加工模型的偏差即是加工误差。用户可以通过控制加工误差来控制加工的精度。用户给出的加工误差是加工轨迹同加工模型之间的最大允许偏差,系统保证加工轨迹与实际加工模型之间的偏差不大于加工误差。如图 10-14 所示为误差与步长。

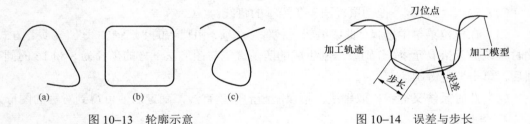

图 10-13 轮廓示意

（a）开轮廓；（b）闭轮廓；（c）有交点的轮廓

图 10-14 误差与步长

编程时,应根据实际工艺要求给定加工误差,如在进行粗加工时,加工误差可以较大,否则实际加工效率会受到不必要的影响;而进行精加工时,需根据表面要求给定加工误差。

在线切割加工中,对于直线和圆弧的加工不存在加工误差。加工误差是指对样条曲线进行加工时,用折线段逼近样条时的误差。

三、拐角处理

在线切割加工中,还会遇到拐角处如何进行过渡的问题,在轮廓中相邻两直线或圆弧(取切点同向)成大于 180° 的夹角时(即是凹的),需确定在其间进行"圆弧过渡"或"尖角过渡",其含义如图 10-15 所示。系统缺省取"圆弧过渡"方式。两者的加工效果是一样的,所不同的是加工轨迹,"尖角过渡"的切割路径长度大于"圆弧过渡"的路径长度。

四、切入方式

在线切割加工中,如果对起始切入位置有特殊要求时,可选择切入方式。切入方式有

3 种:"直线方式""垂直方式"和"选择方式",如图 10-16 所示。

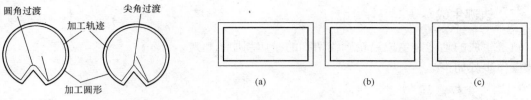

图 10-15　拐角过渡方式　　　　　　　　图 10-16　切入方式
(a) 直线切入;(b) 垂直切入;(c) 指定点切入

1. 直线切入方式

丝直接从穿丝点切入到加工起始段的起始点。

2. 垂直切入方式

丝从穿丝点垂直切入到加工起始段,以起始段上的垂足点为加工起始点。当在起始段找不到垂足点时,丝直接从穿丝点切入到加工起始段的起始点,此时等同于直线切入方式。

3. 指定切入方式

这种方式允许用户在轨迹上选择一个点作为加工起始点,丝从穿丝点沿直线走到选择的切入点,然后按事先选择的加工方向进行加工。

五、拟合方式

当要加工有非圆曲线边界时,系统需将该曲线拆分为多段短线进行拟合。拟合方式有两种选择:"直线方式"和"圆弧方式"。

1. 直线拟合方式

系统将非圆曲线分成多条直线段进行拟合。

2. 圆弧拟合方式

系统将非圆曲线分成多条圆弧段进行拟合。

两种方式相比较,圆弧拟合方式具有精度高、代码量少的优点。

任务三　轨　迹　生　成

本节将介绍 CAXA 线切割编程轨迹生成和轨迹仿真方法,通过本节的学习,要求能应用 CAXA 线切割 XP 系统进行轨迹生成和轨迹仿真。

一、概述

加工轨迹是加工过程中切削的实际路径。轨迹生成是在已经构造好的轮廓基础上,结合加工工艺,给出确定的加工方法和加工条件,由计算机自动计算出加工轨迹。

本节主要介绍线切割加工轨迹的生成方法。用户将鼠标指针移动到屏幕左侧的图标菜单区的图标上,当鼠标停留在轨迹生成图标上一段时间,则会在相应位置弹出一个亮黄底色的提示条:"切割轨迹生成"。鼠标左键点取该图标后,系统功能菜单区弹出其子功能的菜单，如图 10–17 所示。

二、轨迹生成

轨迹生成的功能是生成沿轮廓线切割的线切割加工轨迹，具体操作步骤如下：

图 10–17　轨迹生成子菜单

1. 确定参数

用鼠标左键点取"轨迹生成"菜单条，系统会弹出一个对话框，如图 10–18 所示。此对话框是一个需要用户填写的参数表。切入方式、拟合方式和拐角过渡方式见任务二，其他各种参数的含义和填写方法如下：

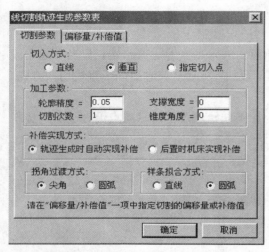

图 10–18　线切割轨迹生成参数表

（1）切割次数。生成的加工轨迹的行数。

（2）轮廓精度。对由样条曲线组成的轮廓，系统将按给定的误差把样条离散成多条线段，用户可按需要来控制加工的精度。

（3）锥度角度。锥度角度是指做锥度加工时，丝倾斜的角度。系统规定，当输入的锥度角度为正值时，采用左锥度加工；当输入的锥度为负值时，采用右锥度加工。

（4）支撑宽度。进行多次切割时，指定每行轨迹始末点间保留的一段没切割的部分的宽度。

（5）补偿实现方式。系统提供两种实现补偿的方式供用户选择。

 注意

CAXA 线切割 XP 系统不支持带锥度的多次切割。当加工次数大于 1 时，需在【偏移量/补偿值】参数表里填写每次加工丝的偏移量。

2. 拾取轮廓线

在确定加工的参数后，按对话框中的"确定"按钮，系统提示拾取轮廓。单击空格键，系统弹出如图 10–19 所示的轮廓曲线拾取工具菜单。

> S 单个拾取
> C 链拾取
> L 限制链拾取

图 10–19　轮廓曲线拾取
工具菜单

（1）单个拾取。需用户挨个拾取需同时处理的各条轮廓曲线。适合于曲线数量不多并且不适合使用"链拾取"功能的情形。

（2）链拾取。需用户指定起始曲线及链搜索方向，系统按起始曲线及搜索方向自动寻找所有首尾相接的曲线。适合于需批量处理的、曲线数目较多且同时无两根以上曲线搭接在一起的情形。

（3）限制链拾取。需用户指定起始曲线、搜索方向和限制曲线，系统按起始曲线及搜索方向自动寻找所有首尾相接的曲线至指定的限制曲线。适用于避开有两根或两根以上曲线搭接在一起的情形，从而正确拾取所需的曲线。

3．拾取轮廓线方向

当拾取第一条轮廓线后，此轮廓线变为红色的虚线（见图10-20）。系统给出提示：选择链搜索方向。此方向表示加工方向，同是也表示拾取轮廓线的方向。选择方向后，如果采用的是链拾取方式，则系统自动拾取首尾相接的轮廓线；如果采用单个拾取方式，则系统提示继续拾取轮廓线；如果采用限制链拾取则系统自动拾取该曲线与限制曲线之间连接的曲线。

4．选择加工的侧边

当拾取完轮廓线后，系统要求选择切割侧边，即丝偏移的方向（见图10-21），生成加工轨迹时将按这一方向自动实现丝的补偿，补偿量即为指定的偏移量加上加工参数表里设置的加工余量。

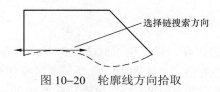

图10-20　轮廓线方向拾取 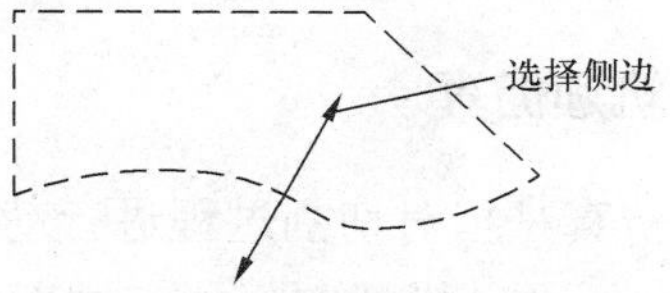　　　　　　　图10-21　加工侧边选择

5．指定穿丝点位置及最终切到的位置

穿丝点的位置必须指定，加工轨迹将按要求自动生成，至此完成线切割加工轨迹生成。

三、轨迹跳步

通过跳步线将多个加工轨迹连接成为一个跳步轨迹。当选取"轨迹跳步"时，系统提示拾取加工轨迹。拾取轨迹可用轨迹拾取工具菜单，如图10-22所示。工具菜单提供两种拾取方式："拾取所有"和"拾取添加"。另外，还可通过"拾取取消"功能改变轨迹拾取。

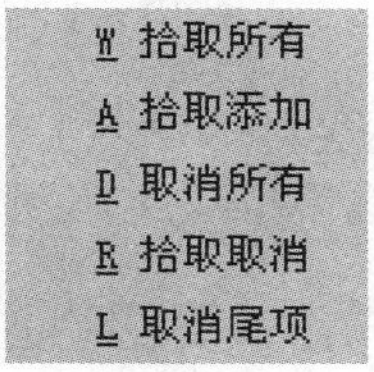

```
W  拾取所有
A  拾取添加
D  取消所有
R  拾取取消
L  取消尾项
```

图10-22　轨迹拾取工具菜单

（1）拾取所有。即拾取所有生成轨迹。

（2）拾取添加。需用户挨个拾取需批量处理的各加工轨迹。

（3）取消所有。即取消已经拾取的所有加工轨迹。

（4）拾取取消。可改变轨迹的拾取状态。与拾取轮廓线功能中的"拾取取消"相比，轨迹的拾取取消不会自动取消掉最近的拾取记录，而是由用户指定需取消的轨迹。

（5）取消尾项。取消最后拾取的一段加工轨迹。

当拾取完轨迹并确认后，系统即将所选的加工轨迹按选择的顺序连接成一个跳步加工轨迹。将所有选择的轨迹用跳步轨迹连成一个加工轨迹后，所有新生成的跳步轨迹只能保留第一个被拾取的加工轨迹的加工参数。此时，如果各轨迹采用的加工锥度不同，生成的加工代码中只有第一个加工轨迹的加工锥度。

例如，分别对一个圆和一个三角形生成加工轨迹，再用"轨迹跳步"将它们连接起来，如图10-23所示，读者可以比较一下二者的区别。

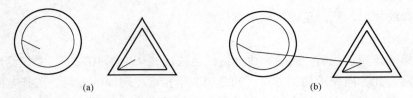

图 10-23 轨迹跳步实例

（a）跳步前轨迹；（b）跳步后轨迹

四、取消跳步

取消跳步的功能是将"轨迹跳步"功能中生成的跳步轨迹分解成各个独立的加工轨迹。当选取"取消跳步"时，系统提示拾取加工轨迹。拾取并确认后，系统即将所选的加工轨迹分解成多个独立的加工轨迹。读者可自行将图 10-22 的跳步轨迹拆开。

五、轨迹仿真

轨迹仿真是指对切割过程进行动态或静态的仿真。以线框形式表达的丝沿着指定的加工轨迹遍历一周，模拟实际加工过程中切割工件的情况，如图 10-24 所示。其操作过程为：单击"轨迹仿真"按钮后，选择仿真方式与步长（见图 10-25），单击鼠标右键即可。

图 10-24 加工过程仿真   图 10-25 仿真方式及参数

CAXA 线切割 XP 系统提供连续和静态两种仿真方式。其中，在连续方式下，系统将完整地模拟从起切到加工结束之间的全过程。

六、计算切割面积

点击"计算切割面积"按钮后，根据系统提示，拾取需要计算的加工轨迹并给出工件厚度，确认后系统将自动计算实际的切割面积。

任务四 代 码 生 成

本节将介绍 CAXA 线切割编程中代码生成的方法，通过本节的学习，要求能应用 CAXA 线切割 XP 系统生成线切割加工代码。

一、概述

代码生成处理功能就是结合特定机床把系统生成的加工轨迹转化成机床代码的 G 指令或 B 指令，生成的 G 指令或 B 指令可以直接输入数控机床用于加工。考虑到生成程序的通用性，CAXA 线切割 XP 系统针对不同的机床，可以设置不同的机床参数和特定的数控代码程序格式，同时还可以对生成的机床代码的正确性进行校核。

本节主要介绍线切割加工代码的生成和校核方法。用户将鼠标指针移动到屏幕左侧的图标菜单的图标上，当鼠标停留在"代码生成"上一段时间，则会在相应位置弹出一个亮黄底色的提示条："代码生成"。鼠标左键点取该图标后，系统功能菜单区弹出其子功能菜单，如图10-26所示。

二、生成3B代码

生成3B代码数控程序的操作步骤如下：

图10-26　代码生成子菜单

（1）点取"生成3B代码"功能项，系统弹出一个需要用户输入文件名的对话框（见图10-27），要求用户填写代码程序文件名。

图10-27　"生成3B加工代码"对话框

（2）输入文件名后单击"确认"键，系统提示"拾取加工轨迹"。此时还可以设置使用停机码、暂停码和程序格式（见图10-28）。当拾取到加工轨迹后，该轨迹变为红色线。用户可以一次拾取多个加工轨迹，单击鼠标右键结束拾取，系统即生成3B代码数控程序。当拾取多个加工轨迹同时生成加工代码时，各轨迹之间按拾取的先后顺序自动实现跳步。与"轨迹生成"模块中的"轨迹跳步"功能相比，用这种方式在实现跳步时，各轨迹仍保持相互独立。

图10-28　生成3B代码参数设置

三、生成4B/R3B代码

点取"生成4B/R3B代码"功能项，后续操作过程与生成3B代码操作过程相同，只是代码格式不同而已。

四、校核B代码

校核B代码是指把生成的B代码反读进来，恢复线切割加工轨迹，以检查代码程序的正确性，具体操作步骤如下：

（1）点击"校核 B 代码"按钮，系统弹出一个要求用户选取数控程序的对话框（见图 10–29）；

图 10–29　校核 G 代码对话框

（2）在此对话框中的"文件类型"栏中可以切换"3B"或"4B"格式；

（3）用户选择好需要校对的 B 代码程序，然后系统自动根据程序 B 代码立即恢复生成线切割加工轨迹。

五、生成 G 代码

按照当前机床类型的配置要求，把已生成的加工轨迹转化生成 G 代码数据文件，即 CNC 数控程序。其操作过程如下：

（1）选取"生成 G 代码"功能项，则弹出一个需要用户输入文件名的对话框，要求用户填写代码程序文件名，此外系统还在信息提示区给出当前所生成的数控程序所适用的数控系统和机床系统信息，表明目前所调用的机床配置和后置设置情况。

（2）输入文件名后单击"确认"键，系统提示"拾取加工轨迹"。当拾取到加工轨迹后，该加工轨迹变为红色线。用户可以连续拾取多条加工轨迹，单击鼠标右键结束拾取，系统即生成数控程序。当拾取多个加工轨迹同时生成加工代码时，各轨迹之间按拾取的先后顺序自动实现跳步。与"轨迹生成"模块中的"轨迹跳步"功能相比，用这种方式实现跳步时，各轨迹也仍保持相互独立，所以各个轨迹当中仍可以保存不同的加工参数，比如各个轨迹可以有不同的加工锥度等。

六、校核 G 代码

校核 G 代码就是把生成的 G 代码文件反读进来，恢复生成加工轨迹，以检查所生成 G 代码的正确性。如果反读的刀位文件中含圆弧插补，则需要用户指定相应的圆弧插补格式，否则可能得到错误的结果。若后置文件中的坐标输出格式为整数，且机床分辨率不为 1 时，反读的结果是不对的。也就是说系统不能读取坐标格式为整数且分辨率为非 1 的情况。

校核 G 代码的操作步骤为：选取"校核 G 代码"选项，系统弹出一个需要用户选取数控程序的对话框，要求用户指定需要校对的 G 代码程序（若需要校对的程序不在缺省的显示路径下，用户需自己改变路径）。拾取到要校对的数控程序文件后，系统根据程序 G 代码立即生成加工轨迹。

注意

（1）校核只用来进行对 G 代码的正确性进行校验，由于精度等方面的原因，操作者应避免将反读的刀位重新输出，因为系统无法保证其精度；

（2）校对加工轨迹时，如果存在圆弧插补，则系统要求选择圆心的坐标编辑方式，其含义如前所述，这个选项针对采用圆心（I，J，K）编程方式，用户应正确选择对应的形式，否则会导致错误。

七、查看/打印代码

选取"查看/打印代码"选项，系统弹出一个需要用户选取代码文件的对话框，要求指定需要查看的代码（在刚生成过代码的情况下，屏幕左下角会出现一个选择当前代码或代码文件的立即菜单，若需要查看的程序不在缺省的显示路径下，用户需自己改变路径），选择文件后点"确定"，就会弹出一个显示代码文件的窗口。若需要打印代码，可点击此窗口上的文件菜单，选择打印命令即可。

任务五　机床设置与后置设置

本节将介绍 CAXA 线切割编程中机床设置与后置设置的方法，通过本节的学习，要求能应用 CAXA 线切割 XP 系统进行机床设置与后置设置。

一、机床设置

1. 机床设置的功能

机床设置就是针对不同的机床、不同的数控系统，设置特定的数控代码、数控程序格式及参数，并生成配置文件。生成数控程序时，系统根据该配置文件的定义生成用户所需要的特定代码格式的加工指令。

机床配置给用户提供了一种灵活方便的设置系统配置的方法。对不同的机床进行适当的配置，具有重要的实际意义。通过设置系统配置参数，后置处理所生成的数控程序可以直接输入数控机床进行加工，而无须进行修改。机床配置主要设置如下参数：

（1）机床控制参数。包括插补方法、补偿控制、坐标选择、冷却控制、程序启停及程序首尾控制符等。

（2）程序格式参数。包括程序说明、跳步格式和程序行控制等内容。

2. 机床设置的操作步骤

选取"增加机床"功能项，弹出一个需要用户填写的参数对话框，如图 10-30 所示。参数配置包括开、关走丝，数值插补方法，补偿方式，冷却控制，程序启停以及程序首尾控制符等。

（1）机床参数设置。在"机床名"一栏中输入新的机床名或单击"向下箭头"键选择一个已存在的机床进行修改。对机床的各种指令地址进行配置。可以对如下选择项进行配置。

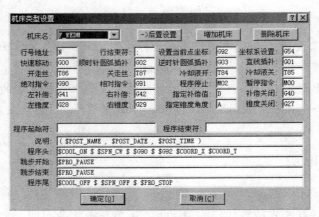

图 10-30　机床类型设置参数对话框

1）行号地址（Nxxxx）。一个完整的数控程序由许多的程序段组成，每一个程序段前有一个程序号，即行号地址。系统可以根据行号识别程序段。如果程序过长，还可以通过调用行号很方便地把光标移到所需的程序段。行号可以从 1 开始，连续递增，如 N0001、N0002、N0003 等，也可间隔递增，如 N0001、N0005、N0009 等。建议用户采用后一种方式。因为间隔行号比较灵活方便，可以随时插入程序段，对原程序进行修改，而无须改变后续行号。如果用前一种连续递增的编号方式，每修改一次程序，如每加入一个程序段，都必须对后续的程序段的行号进行修改，很不方便。

2）行结束符（；）。在数控程序中，一行数控代码就是一个程序段。数控程序一般以特定的符号而不是以回车键作为程序段结束标志，它是一个程序段不可缺少的组成部分。系统不同，程序段结束符一般不同。有些系统以分号符";"作为程序段结束符，有些系统的结束符是"*"，有些是"#"等。一个完整的程序段应包括行号、数控代码和程序段结束符。如：

```
N10 G92 X10.000 Y5.000;
```

3）插补方式控制。一般地讲，插补就是把空间曲线分解为 X、Y、Z 各个方向很小的曲线段，然后以微元化的直线段去逼近空间曲线。数控系统都提供直线插补和圆弧插补，其中圆弧插补又可分为顺圆插补和逆圆插补。

插补指令都是模态代码。所谓模态代码就是只要指定一次功能代码格式，以后就不用指定，系统会以前面最近的功能模式确认本程序段的功能。除非重新指定不同类型功能代码，否则以后的程序段仍然可以默认该程序代码。

4）开关走丝指令。

开走丝（T86）：该指令控制打开走丝。

关走丝（T87）：该指令控制关闭走丝。

5）冷却液开关控制指令。

冷却液开（T84）：T84 指令控制打开冷却液阀门开关，开始开放冷却液。

冷却液关（T85）：T85 指令控制关闭冷却液阀门开关，停止开放冷却液。

6）坐标设定。用户可以根据需要设置坐标系，系统根据用户设置的参照系确定坐标值是绝对的还是相对的。

a）坐标设定（G54）。G54 是程序坐标系设置指令。一般情况下，以零件原点作为程序的坐标原点。程序零点坐标存储在机床的控制参数区。程序中不设置此坐标系，而是通过 G54 指令调用。

b）绝对指令（G90）。G90 把系统设置为绝对模式编程，以绝对模式编程的指令，坐标值都以 G54 所确定的程序零件为参考点。绝对指令 G90 也是模态代码，除非被不同类型代码 G91 所代替，否则系统一直默认使用 G90。

c）相对指令（G91）。G91 把系统设置为相对模式编程，以相对模式编程的指令，坐标值都以该点的前一点作为参考点，指令值以相对递增的方式编程。同样，G91 也是模态代码。

d）设置当前点坐标（G92）。把随后跟着的 X、Y 值作为当前点的坐标值。

7）补偿。

a）左补偿（G41）。指加工轨迹以进给方向为正方向，沿轮廓左边让出一个给定的偏移量。

b）右补偿（G42）。指加工轨迹以进给方向为正方向，沿轮廓右边让出一个给定的偏移量。

c）补偿关闭（G40）。补偿关闭是通过代码 G40 来实现的。左右补偿指令都是模态代码指令。所以，也可以通过开启一个补偿指令代码来关闭另一个补偿指令代码。

8）暂停指令（M00）。程序暂停指令 M00 将暂停程序的运行，等待机床操作者的干预。确认进行加工后，可继续执行暂停指令后面的指令进行加工。

9）程序结束（M02）。程序结束指令 M02 将结束整个程序的运行，所有的功能 G 代码和与程序有关的一些运行开关如冷却液开关、走丝开关等都将关闭，处于原始禁止状态。机床处于当前位置，如果要使机床停在机床零点位置，则必须操作机床使之回零。

10）锥度设置。

a）左锥度（G28）。指加工轨迹以进给方向为正方向，向左倾斜给定的角度。

b）右锥度（G29）。指加工轨迹以进给方向为正方向，向右倾斜给定的角度。

c）锥度关闭（G27）。锥度的关闭是通过代码 G27 来实现的。

d）锥度角度表示（A）。其后跟着的数值表示锥度的角度。例如：G28A2.000，表示丝向左倾斜 2.0°。

（2）程序格式设置。程序格式设置就是对 G 代码各程序段格式进行设置。用户可以对程序起始符号、程序结束符号、程序说明、程序头、程序尾等程序段进行格式设置。

1）设置方式。字符串或宏指令@字符串或宏指令，其中宏指令格式为：$+宏指令串。系统提供的宏指令串有：

当前后置文件名	POST_NAME
当前日期	POST_DATE
当前时间	POST_TIME
当前 X 坐标值	COORD_X

当前 *Y* 坐标值   COORD_Y

当前程序号 P   OST_CODE

@号为换行标志

$输出空格

2）程序说明。程序说明部分是对程序的名称、与此程序对应的零件名称编号、编制日期和时间等有关信息的记录。程序说明部分是为了管理的需要而设置的。有了这个功能项目，用户可以很方便地进行管理。比如要加工某个零件时，只要从管理程序中找到对应的程序编号即可，而不需要从复杂的程序中去一个一个地寻找需要的程序。

（N126-60231，$POST_NAME，$POST_DATE，$POST_TIME），在生成的后置程序中的程序说明部分输出如下说明：

```
(N126-60231,01261,1996,9,2,15:30:30)
```

3）程序头。针对特定的数控机床来说，其数控程序开头部分都是相对固定的，包括一些机床信息，如机床回零、工件零点设置、开走丝以及冷却液开启等。

例如，直线插补指令内容为G01，那么$G01的输出结果为G01；同样，$COOL_ON的输出结果为T84；$PRO_STOP的输出结果为M02；依次类推。

又如$COOL_ON @ $SPN_CW @ $G90 $ $G92 $COORD_X $COORD_Y @ G41H01，在后置文件中内容为：

```
T84;
T86;
G90 G92 X10.000 Y20.00;
G41 H01;
```

4）跳步。跳步开始及跳步结束指令可以由用户根据机床设定。

二、后置设置

后置设置就是针对特定的机床，结合已经设置好的机床配置，对后置输出的数控程序的格式，如程序段号、程序大小、数据格式、编程方式、圆弧控制方式等进行设置。本功能可以设置缺省机床及 G 代码输出选项。机床名选择以存在的机床名作为缺省机床。

后置设置的操作步骤为：选取"后置设置"功能项，则弹出一个需要用户填写的参数对话框，如图 10-31 所示。

在选项中，对应选项被选中后，其前面的小圆圈形框中出现一个小黑点。如果是需要填写具体数值的，用鼠标左键点取该项，然后用键盘输入数值。

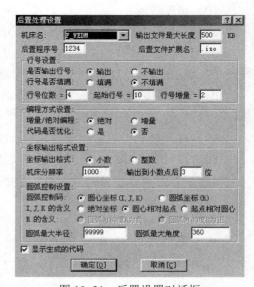

图 10-31　后置设置对话框

1. 机床系统

数控程序必须针对特定的数控机床、特定的配置才具有加工的实际意义，所以后置设置必须先调用机床配置。用鼠标点取箭头就可以很方便地从配置文件中调出机床的相关配置。

2. 文件长度控制

"输出文件长度"可以对数控程序的大小进行控制，文件大小控制以 K 为单位。当输出的代码文件长度大于规定的长度时，系统自动分割文件。例如：当输出的 G 代码文件 Post.cut 超过规定的长度时，就会自动分割为 post0001.cut、post0002.cut、post0003.cut 等。

3. 行号设置

程序段行号设置包括行号的位数，行号是否输出，行号是否填满，起始行号以及行号递增数值等。

（1）是否输出行号。选中行号输出，则在数控程序中的每一个程序段前面输出行号，反之亦然。

（2）行号是否填满。是指行号不足规定的行号位数时是否用"0"填充。行号填满就是在不足所要求的行号位数的前面补"0"，如 N0028；反之亦然，如 N28。

（3）行号递增数值。是指程序段行号之间的间隔。如 N0020 与 N0025 之间的间隔为 5。建议用户选用比较适中的递增数值，这样有利于程序的管理。

4. 编程方式设置

分绝对编程 G90 和相对编程 G91 两种方式。

5. 坐标输出格式设置

决定数控程序中数值的格式，包括：

（1）小数输出还是整数输出；

（2）机床分辨率是指机床的加工精度，如果机床精度为 0.001mm，则分辨率设置为 1000，以此类推；

（3）输出小数位数可以控制加工精度，但不能超过机床精度，否则是没有实际意义的。

6. 圆弧控制设置

主要设置控制圆弧的编程方式。即采用圆心编程方式或采用半径编程方式。当采用圆心编程方式时，圆心坐标（I，J，K）有 3 种含义：

（1）绝对坐标。采用绝对编程方式，圆心坐标（I，J，K）的坐标值为相对于工件绝对坐标系的绝对值。

（2）圆心相对起点。圆心坐标以圆弧起点为参考点取值。

（3）起点相对圆心。圆弧起点坐标以圆心坐标为参考点取值。

按圆心坐标编程时，圆心坐标的各种含义是针对不同的数控机床而言。不同机床之间其圆心坐标编程的含义不同，但对于特定的机床其含义只有其中一种。当采用半径编程方式时，使用半径正负区别的方法来控制圆弧是劣弧还是优弧，即圆弧半径 R 的含义表现为以下两种：

1）优弧。圆弧大于 180°，R 为负值。

2）劣弧。圆弧小于180°，R为正值。

7. 扩展名控制和后置设置编号

后置文件扩展名是控制所生成的数控程序文件名的扩展名。有些机床对数控程序要求有扩展名，有些机床没有这个要求，应视不同的机床而定。后置程序号是记录后置设置的程序号，不同的机床其后置设置不同，所以采用程序号来记录这些设置，以便用户日后使用。

8. 优化代码及显示代码

如果选择优化代码的坐标值，当代码中程序段的某一坐标值与前一程序段的坐标值相等时，不再输出相同的坐标值。否则，所有坐标值都输出。如果选择窗口显示代码，代码生成后马上在窗口中显示代码内容。

任务六　学习数控线切割自动编程实例

本节将介绍 CAXA 线切割自动编程实例，通过本节的学习，要求能应用 CAXA 线切割 XP 系统进行线切割自动编程。

一、快速入门实例

CAXA 线切割 XP 编程可由作图、生成加工轨迹、生成代码和传输代码等 4 个部分组成。

1. 作图

作图是进行线切割加工的基本前提。以矩形的作图步骤来说明其操作步骤如下：

（1）用鼠标选取屏幕左侧的图标菜单"基本曲线"后，屏幕左侧的菜单区出现基本的绘图命令——直线、圆、圆弧和样条等命令按钮；

（2）选取命令按钮"直线"，选用"连续""正交"方式，屏幕左下角提示"第一点（切点、垂足点）："；

（3）键盘输入（0，0），按回车键，系统提示"第二点（切点、垂足点）："；

（4）键盘输入（100，0），按回车键，系统提示"第二点（切点、垂足点）："；

（5）键盘输入（100，50），按回车键，系统提示"第二点（切点、垂足点）："；

（6）键盘输入（0，50），按回车键，系统提示"第二点（切点、垂足点）："；

（7）键盘输入（0，0），按回车键，系统提示"第二点（切点、垂足点）："；

（8）结束命令，屏幕上出现 100mm×50mm 的矩形，绘图完成，如图 10-32（a）所示；

（9）单击屏幕左侧的图标按钮"曲线编辑"，屏幕左侧菜单区出现"曲线编辑"工具栏，在"曲线编辑"工具栏中单击"过渡"，系统弹出过渡命令的立即菜单；

（10）单击立即菜单"1:"，选择"圆角"；单击立即菜单"2:"，选择"裁剪"，单击立

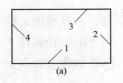
(a)

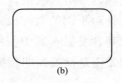
(b)

图 10-32　作图

（a）100mm×50mm 的矩形；　（b）倒角后的矩形

即菜单"3：半径二"，选择缺省值 10；

（11）单击矩形框上直线 1 和直线 2，实现 1、2 两边的倒圆角；单击直线 2 和直线 3，实现 2、3 两边的倒圆角；单击直线 3 和直线 4，实现 3、4 两边的倒圆角；单击直线 4 和直线 1，实现 4、1 两边的倒圆角。如图 10-32（b）所示。

2. 生成加工轨迹

在作好图形的基础上，即给出轮廓后，结合加工参数，就可以利用 CAXA 线切割 XP 的生成加工轨迹工具生成线切割加工所需的轨迹，具体步骤如下：

（1）用鼠标选取屏幕左侧的图标菜单"轨迹操作"后，屏幕左侧的菜单区出现轨迹生成、轨迹跳步等命令按钮；

（2）选取"轨迹生成"命令按钮，系统弹出一名为"线切割轨迹生成参数表"的对话框；

（3）按实际需要填写相应的参数，并单击"确定"按钮；

（4）系统提示"拾取轮廓"，用鼠标点取矩形的底边；

（5）被拾取线条为红色虚线，沿轮廓方向出现一对反向的绿色箭头，系统提示"请选择链搜索方向"，选择逆时针方向的箭头；

（6）选择搜索方向后，全部线条变为红色，且轮廓的法向方向上又出现一对反向的绿色箭头，系统提示"选择切割的侧边或补偿方向"，选择指向矩形内侧的箭头；

（7）系统提示"输入穿丝点的位置"，键盘输入（50，10）按回车键；

（8）系统提示"输入退回点（回车则与穿丝点重合）"，单击鼠标右键，表示该位置与穿丝点重合，系统自动计算出加工轨迹，即屏幕上显示出的绿色线；

（9）再单击鼠标右键或按 Esc 键，结束命令，生成加工轨迹图。

3. 轨迹仿真操作

（1）单击屏幕左侧的"轨迹仿真"按钮后，出现"轨迹仿真"的立即菜单，选择仿真方式，按鼠标右键即可。系统提供"连续"和"静态"两种仿真方式。在连续方式下，系统将完整地模拟从起初到加工结束之间的全过程，不可中断，连续仿真是仿真时模拟动态的切割加工过程。静态仿真显示轨迹各段的序号，且用不同的颜色将直线段与圆弧段区分开来；

（2）单击立即菜单"1："选择"连续"仿真方式。单击立即菜单"2：步长"，选择缺省值 0.01；

（3）系统提示拾取加工轨迹，选择绿色的加工轨迹，系统就开始仿真加工过程。

4. 生成代码

结合特定机床把系统生成的加工轨迹转化成机床代码指令，生成的指令可以直接输入数控机床用于加工，是系统的最终目的。在生成了线切割的加工轨迹后，要让机床自动操作，就必须生成让机床能接受的机器命令代码，从而操作机床按机器代码的要求线切割出相应的轨迹，其具体操作步骤如下：

（1）用鼠标选取屏幕左侧的图标菜单"代码生成"后，屏幕左侧的菜单区出现生成 3B、生成 4B 等"代码生成"命令按钮；

（2）选择命令按钮"生成 3B 代码"，系统弹出一个对话框要求用户输入文件名；

（3）选择文件的存储路径后，给文件命名为 T1，单击"保存"按钮；

（4）系统出现新的立即菜单，并提示"拾取加工轨迹："，设置其他控制符为系统缺省的设置，用鼠标左健单击绿色的加工轨迹以确定；

（5）屏幕上弹出一个显示代码的窗口，其中内容为新生成的 3B 代码，关闭此窗口，代码生成结束。

5．传输代码

生成机器代码后，要达到利用代码控制线切割机床加工出相应轨迹的目标，还必须将生成的代码传输给机床。传输代码的操作步骤如下：

（1）确认线切割控制器与计算机之间的通信电缆连接无误；

（2）将线切割控制器置于联机状态；

（3）选择命令按钮"传输与后置"，系统弹出"后置设置"工具栏；

（4）单击图标按钮（同步传输 3B/4B），系统弹出一对话框，要求用户指定被传输的文件；

（5）选择目标文件后，按"确定"，系统提示"按键盘任意键开始传输（Esc 退出）"，按任意键即可开始传输文件；

（6）传输完毕，状态栏显示"传输结束"。

二、检验样板的编程

如图 10–33 所示为某焊管机组张减辊孔型检验样板的零件图，要求利用 CAXA 线切割 XP 系统绘制该零件并生成 3B 加工代码和 G 代码。其操作步骤如下：

1．零件图绘制

（1）选择点划线，点击"基本曲线"下的"直线"按钮，绘制中心线；

（2）选择粗实线，绘制水平线①；

（3）点击"绘制"下拉菜单"基本曲线"下的"等距线"，选择"空心"方式，输入距离"62.5"，作中心线的等距线②；

（4）参照步骤（3）绘制直线①的等距线③、直线②的等距线④；

（5）选择角度线方式，绘制 120°角度线⑤；

（6）点击"圆"按钮，绘制半径为 R42 的圆；

到此为止，绘制的图形如图 10–34 所示；

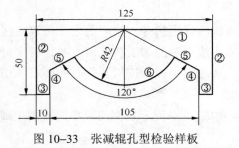

图 10–33　张减辊孔型检验样板

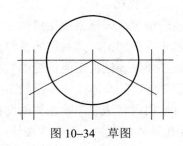

图 10–34　草图

（7）点击"曲线编辑"下的"裁剪"按钮，把多余部分线段裁剪掉；

（8）选择下拉菜单"绘制"中"工程标注"下面的"尺寸标注"子菜单，完成各尺寸标注，即生成如图 10-33 所示的零件图。

2．生成加工轨迹

（1）为便于后续操作（如输入穿丝点位置），点击屏幕左侧图标菜单"平移"按钮，采用两点方式，将样板左下角平移至（0，0）点；

（2）用鼠标选取屏幕左侧的图标菜单"轨迹操作"下的命令按钮"轨迹生成"，系统即弹出一个如图 10-18 所示的"线切割轨迹生成参数表"；

（3）按实际需要填写相应的参数（本例中轮廓精度设为 0.05mm，偏移量设为 0.1mm），点击"确定"；

（4）系统提示"拾取轮廓"，用鼠标点取样板图形的左边直线②；

（5）被拾取线变为红色虚线，并沿轮廓方向出现一对反向的红色箭头，系统提示"请选择链搜索方向"，选择顺时针方向的箭头；

（6）全部线条变为红色，且在轮廓的法线方向上又出现一对反向的红色箭头，系统提示"选择切割的侧边或补偿方向"，选择指向图形外侧的箭头；

（7）系统提示"输入穿丝点的位置"，输入（0，-10），按回车键；

（8）系统提示"输入退回点（回车则与穿丝点重合）"，单击鼠标右键，表示该位置与穿丝点重合；

（9）系统提示"输入切入点位置"，输入（0，0）按鼠标右键，系统自动计算出加工轨迹，即屏幕上显示出的绿色线；

（10）再单击鼠标右键，结束命令。

3．生成 3B 代码

（1）点击"后置设置"，选择增量编程方式；

（2）点取"生成 3B 代码"功能项，输入文件名：zjg，拾取加工轨迹，按鼠标右键，即生成张减辊样板的 3G 代码数控线切割加工程序（略）；

（3）生成 G 代码。选取"生成 G 代码"功能项，输入文件名：zjg，拾取加工轨迹，单击鼠标右键，即生成张减辊孔型检验样板的 G 代码数控线切割加工程序（略）。

三、汉字切割

运用 CAXA 线切割 XP 软件，用户可以方便地切割出所需的文字，包括中文、英文和一些常用的特殊符号，其中，软件提供了黑、楷、宋、仿宋等 4 种字体，用户可以按需使用。

例如：我们想切割出一个"中"字的凸形，如图 10-35 所示，步骤如下：

1．写汉字

（1）选择"高级曲线—文字"，系统提示"指定标注文字区域的第一角点"，选择完点后，系统提示"指定标注文字区域的第二角点"，确定完文字区域后立刻弹出一个如图 10-36 所示的对话框；

137

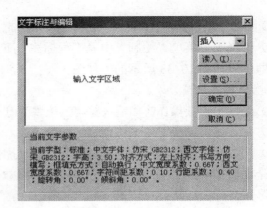

图 10-35　工件图　　　　　　　　　　图 10-36　文字标注与编辑对话框

（2）单击"设置"按钮，会弹出一个设定文字格式的对话框，在对话框中可以确定文字的字体、字高、书写方式、倾斜角等，本例中设置字体为"仿宋体"；

（3）确定后，按 Ctrl 键和 SPACE（空格）键，可以激活系统汉字输入法（用 Ctrl+Shift 可以切换不同的输入法）；

（4）输入汉语拼音"zhong"，按所需汉字前的数字键可选中该字（若所需字不在当前的页面内，用户可用"+"或"－"进行翻页），按回车键，文字将写到文字输入区域；

（5）文字输入完成后，按 Ctrl 键和 SPACE（空格）键退出中文输入状态，单击"确定"关闭对话框。

2. 生成加工轨迹

（1）选择"切割轨迹生成—轨迹生成"，在弹出的对话框中按缺省值确定各项加工参数，并单击"确定"键；

（2）依提示将"第一次偏移量"设为"0"，则加工轨迹与字形轮廓完全重合；

（3）系统提示"拾取轮廓"；

（4）单击"中"字外轮廓最左侧的竖线，此时该轮廓线变为红色的虚线，同时在鼠标单击的位置上沿轮廓线出现一对双向的绿色箭头，系统提示"选择链搜索方向"（系统缺省是"链拾取"）；

（5）按照实际加工需要，选择一个方向后，在垂直轮廓线的方向上又会出现一对绿色箭头，系统提示"选择切割的侧边"；

（6）拾取指向轮廓外侧的箭头，系统提示"输入穿丝点位置"；

（7）在"中"字外选一点作为穿丝点，系统提示"输入退出点（回车则与穿丝孔重合）"；

（8）按鼠标右键或回车确定，系统计算出外轮廓的加工轨迹；

（9）此时系统提示继续"拾取轮廓"并重新输入新的加工偏移量；

（10）拾取"中"字内部左侧的"口"形轮廓；

（11）系统又会顺序提示"选择链拾取方向"、"选择切割的侧边"、"输入穿丝点位置"和"输入退出点"，其中，应选择加工内侧边，穿丝点为内部的一点；

（12）然后，系统会再次顺序提示"选择链拾取方向"、"选择切割的侧边"、"输入穿丝

点位置"和"输入退出点",生成"中"字内部右侧的"口"形轮廓的加工轨迹,仍应选择加工内侧边,穿丝点为内部的一点;

（13）单击鼠标右键或按 Esc 键结束轨迹生成功能,选择"轨迹跳步"功能按提示将以上三段轨迹连接起来;

（14）选择"生成 3B 代码"生成该轨迹的加工代码,假设字高为 10,三个穿丝点分别为（0, 7）,（2, 5）,（4, 5）,则可得到 3B 代码（略）。

四、复杂零件切割

零件如图 10-37 所示。

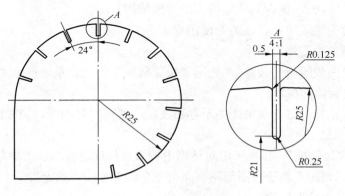

图 10-37　复杂零件图

1. 作图步骤

（1）选择"基本曲线—圆",用"圆心—半径"方式作圆;

（2）输入（0, 0）以确定圆心位置,再输入半径值"25";

（3）在"基本曲线—直线"功能中选择"两点线""单个""正交"方式,输入"-30, 0"作圆的水平中心线,同样作一铅垂中心线;

（4）再将直线功能切换为"平行线",选择"偏移方式""单向",点取水平中心线,向上移动鼠标,可以看到一条随鼠标移动的水平直线,输入距离值为"21";

（5）此时得到一条水平直线,称其为"L";

（6）点取垂直中心线,向左移动鼠标,再输入新的距离值"0.25";

（7）这样又得到一条铅垂直线,称其为"H",称 L 与 H 的交点为"P";

（8）选择"曲线编辑—过渡",选用"圆角""裁剪"方式,输入半径值"0.25";

（9）先在点 P 的右侧点取直线 L,再在点 P 的上侧点取直线 H,得到槽根部的圆弧过渡（如此拾取直线是为了控制圆弧过渡的方向）;

（10）再将过渡半径改为"0.125",改用"圆角""裁剪始边"方式;

（11）先在 $R25$ 圆的内侧部分点取直线 L,再在直线 L 的左侧部分点取 $R25$ 的圆弧,完成过渡;

（12）选择"曲线编辑—镜像",用"选择轴线""拷贝"方式,此时系统提示拾取元素;

（13）分别点取刚生成的 L、$R0.125$ 和 $R0.25$，单击鼠标右键确定后，系统提示拾取轴线；

（14）点取竖直中心线便可得到一完整的槽的图形；

（15）删除直线 H；

（16）再次选择平行线功能，输入距离值为"25"，作水平中心线向下、竖直中心线向左的平行线；

（17）选择"曲线编辑—阵列"，选用"圆形阵列""旋转""均布"方式，因切槽间夹角为 $24°$，所以，输入"份数：15"，系统提示"拾取元素"；

（18）选中组成切槽的 6 段线，系统提示"输入中心点"；

（19）输入（0，0），得到其他位置上的切槽图形；

（20）删除第三象限中不存在的切槽图形；

（21）删除两条中心线；

（22）选择"曲线编辑—裁剪"，选用"快速裁剪"方式，系统提示"拾取要裁剪的曲线"，注意选取被裁掉的线段；

（23）分别用鼠标左键点取例图中不存在线段，便可将其删除，完成图形。

2. 生成加工轨迹

（1）选择"轨迹生成"，在弹出的对话框中按缺省值确定各项加工参数，将"第一次偏移量"设为"0"，则加工轨迹与图形轮廓完全重合，并单击"确定"；

（2）系统提示"拾取轮廓"；

（3）点取左端竖直线；

（4）选择向下的箭头，即为逆时针加工方向；

（5）选择加工内侧边；

（6）输入穿丝点和出丝点的位置（0，0），系统自动计算加工轨迹。

3. 生成 G 代码

（1）选择"机床设置"，填写相应的机床指令；

（2）选择"后置设置"，填写相应的控制参数；

（3）选择"生成 G 代码"，选择适当的文件路径，并输入文件名，确定后，系统提示"拾取加工轨迹"；

（4）点取加工轨迹后，系统生成代码文件，并显示在一新窗口中；

（5）关闭该窗口，完成。

电 极 扁 夹 加 工

项目导入

本任务要求运用线切割机床加工如图 11-1 所示的电极扁夹，材料为 45 钢，毛坯尺寸为 ϕ30mm×140mm。

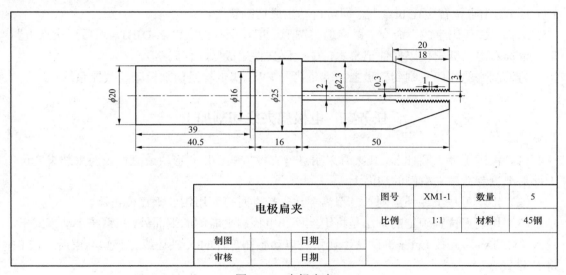

电极扁夹		图号	XM1-1	数量	5
		比例	1:1	材料	45钢
制图		日期			
审核		日期			

图 11-1　电极扁夹

任务一　工艺分析和图形绘制

一、工艺分析

电极扁夹是为了装夹小型矩形电极而设计的工具，电极扁夹如图 11-1 所示。材料选择 45 钢，尺寸 ϕ30×140，先在车床上将外圆车出，再用线切割加工电极扁夹右侧电极装夹段：线切割加工时，由于工件为圆柱形，因而考虑工件的定位，选择 V 形块或磁性表座实观定位，工件切割基准在右侧端面上。为了装夹电极牢固，电极扁夹上设计了一段齿形，齿距为 11mm，齿高为 0.3mm，中间有 2mm 的割缝，且上半部分需要割断。最后打孔、攻丝，旋入 M6 的螺栓，通过调节 M6 螺栓来调节电极扁夹装夹工件的尺寸。

切割电极扁夹的电规准应选择小电流加工，可选择电流脉宽适当小些，切割速度稍慢

141

些的加工参数。

二、用 CAXA-V2 线切割软件对电极扁夹进行图形绘制和编程

1. 图形绘制

线切割图形如图 11-2 所示。在 CAXA-V2 线切割软件中，绘制电极扁夹线切割图形。

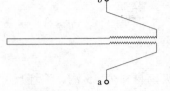

由于图形对称，因此绘制时，可画一半后，采用镜像复制。

2. 加工编程

在 CAXA-V2 线切割软件中，选择"轨迹生成"命令，鼠标选中图形，软件将弹出"轨迹生成参数表"，填写相关参数。重点参数是补偿量，应根据钼丝半径加上放电间隙来确定。然后再次点击图形，软件要求确定穿丝点位置，定在 a 点上，退出点位置定在 b 点上，即可自动生成切割轨迹。

图 11-2　线切割图形

选择"G 代码生成"命令，鼠标选中图形，填写保存的文件名 DJBJ，然后再次点击图形，鼠标右击，弹出代码文件记事本，G 代码文件生成（G 代码略）。

将编制好的程序复制到软盘上，准备拷入 FW1 快走丝线切割机床的数控系统。

任务二　电极扁夹线切割加工

（1）由于工件为圆柱形，装夹时采用悬臂支撑方式，用 V 形块或磁性表座来装夹定位，工件基准设置在扁夹右侧的端面上。

（2）钼丝可从工件外部割入，不需穿丝。校准时可利用钼丝垂直校正器。

（3）切割点位置确定的方法是将钼丝停在电极扁夹右侧的端面处，在系统手动模式下，键入"G80X–"并按 Enter 键确认，让系统自动感知工件的 X 轴边缘。感知结束后，按 F1 将 X 轴置零。

按手控盒上[–Y]键，将钼丝移出工件后，键入"G00　X–20."并按 Enter 确认后，工作台移动到指定点。键入"G80Y+"并按 Enter 确认，让系统自动感知工件的 Y 轴边缘。感知结束后，按 F1 键将 Y 轴置零。键入"G00　Y–5."按 Enter 确认后，钼丝将移动到 a 点（切割点）。

（4）在系统手动模式下，按 F10 键，进入编辑状态后，再按 F1 键，从软盘装入编制好的程序（DJBJ）。在参数表中选择合适的切割加工参数，并在程序前加入这个选定的参数（如 C010）。选择的参数小一些，切割速度也会放慢些，可以保证锯齿部分的齿形加工质量。

（5）切割加工中，注意工作液应包裹住钼丝，工作液的浓度变化会影响切割效率，可适当降低工作液的浓度。

（6）取下工件，将工件擦拭干净，再将机床擦拭干净，工作台表面涂上机油。按下机床红色关机按钮，关闭控制系统，再关闭机床总开关，切断电源。

项目十二

简单方孔冲模电火花加工

任务一　学 习 基 础 知 识

一、冷冲模的概念

冷冲模是冷冲压生产中必不可少的工艺装备。而冷冲压加工则是在常温下，利用压力机的压力，通过冲模使各种规格板料或坯料在压力作用下发生永久变形或分离，制成所需要的各种形状零件的一种加工方法。

按工序性质分，冷冲模可分为冲孔模、落料模、切断模、切口模、切边模等。

二、冲模采用电火花加工的优点

冲模是生产上应用较多的一种模具，由于形状复杂和尺寸精度要求高，所以它的制造已成为生产上的关键技术之一。特别是凹模，应用一般的机械加工是困难的，在某些情况下甚至不可能，而靠钳工加工则劳动量大，质量不易保证，还常因淬火变形而报废，采用电火花加工或线切割加工能较好地解决这些问题。冲模采用电火花加工工艺较机械加工工艺有如下优点：

（1）可以在工件淬火后进行加工，避免了热处理变形的影响。

（2）冲模的配合间隙均匀，刃口耐磨，提高了模具质量。

（3）不受材料硬度的限制，可以加工硬质合金等冲模，扩大了模具材料的选用范围。

（4）对于中、小型复杂的凹模，可以不用镶拼结构，而采用整体式，可以简化模具的结构，提高模具强度。

三、电火花加工的步骤

电火花加工主要由三部分组成：电火花加工的准备工作、电火花加工、电火花加工检验工作。电火花加工的准备工作有电极准备、电极装夹、工件准备、工件装夹、电极的校正定位等。

四、电火花穿孔加工的常用方法

电火花加工可以加工通孔和盲孔，前者习惯称为电火花穿孔加工，后者习惯上称为电火花成型加工。电火花穿孔加工一般应用于冷冲模加工、粉末冶金模具加工、拉丝模具加工、螺纹加工等。

下面以加工冷冲模的凹模为例说明电火花穿孔加工的方法。

凹模的尺寸精度主要靠工具电极来保证，因此，对工具电极的精度和表面粗糙度都应

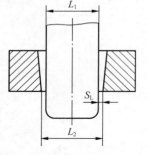

图 12-1　凹模的电火花加工

有一定的要求。如凹模的尺寸为 L_2，工具电极相应的尺寸为 L_1，如图 12-1 所示，单边火花间隙值为 S_L，则 $L_2=L_1+2S_L$。

其中，火花间隙值 S_L 主要取决于脉冲参数与机床的精度。只要加工规准选择恰当，加工稳定，火花间隙值 S_L 的波动范围会很小。因此，只要工具电极的尺寸精确，用它加工出的凹模的尺寸也是比较精确的。

用电火花穿孔加工凹模有较多的工艺方法，在实际中应根据加工对象、技术要求等因素灵活地选择。穿孔加工的具体方法有以下几种：

1. 间接法

间接法是指在模具电火花加工中，凸模与加工凹模用的电极分开制造，首先根据凹模尺寸设计电极，然后制造电极，进行凹模加工，再根据间隙要求来配制凸模。如图 12-2 所示为间接法加工凹模的过程。

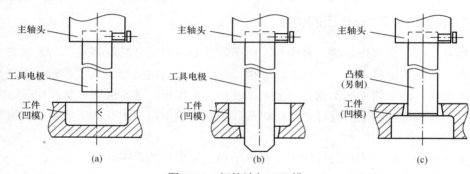

图 12-2　间接法加工凹模
(a) 加工前；(b) 加工后；(c) 配制凸模

间接法的优点是：

(1) 可以自由选择电极材料，电加工性能好；

(2) 因为凸模是根据凹模另外进行配制，所以凸模和凹模的配合间隙与放电间隙无关。

间接法的缺点是：电极与凸模分开制造，配合间隙难以保证均匀。

2. 直接法

直接法适用于加工冲模，是指将凸模长度适当增加，先作为电极加工凹模，然后将端部损耗的部分去除直接成为凸模（具体过程见图 12-3）。直接法加工的凹模与凸模的配合间隙靠调节脉冲参数、控制火花放电间隙来保证。

直接法的优点是：

(1) 可以获得均匀的配合间隙，模具质量高；

(2) 无须另外制作电极；

(3) 无须修配工作，生产率较高。

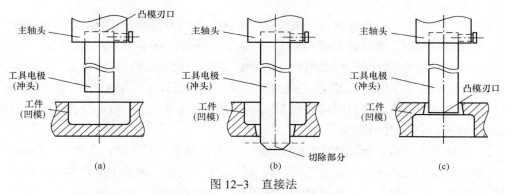

图 12-3　直接法

（a）加工前；（b）加工后；（c）切除损耗部分

直接法的缺点是：

（1）电极材料不能自由选择，工具电极和工件都是磁性材料，易产生磁性，电蚀下来的金属屑可能被吸附在电极放电间隙的磁场中而形成不稳定的二次放电，使加工过程很不稳定，故电火花加工性能较差；

（2）电极和冲头连在一起，尺寸较长，磨削时较困难。

3. 混合法

混合法也适用于加工冲模，是指将电火花加工性能良好的电极材料与冲头材料粘结在一起，共同用线切割或磨削成型，然后用电火花性能好的一端作为加工端，将工件反置固定，用"反打正用"的方法实行加工。这种方法不仅可以充分发挥加工端材料好的电火花加工工艺性能，还可以达到与直接法相同的加工效果，如图 12-4 所示。

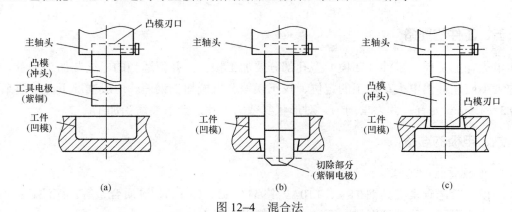

图 12-4　混合法

（a）加工前；（b）加工后；（c）切除损耗部分

混合法的特点是：

（1）可以自由选择电极材料，电加工性能好；

（2）无须另外制作电极；

（3）无须修配工作，生产率较高；

（4）电极一定要粘结在冲头的非刃口端（见图 12-4）。

4. 阶梯工具电极加工法

阶梯工具电极加工法在冷冲模具电火花成型加工中极为普遍，其应用方面有两种。

（1）无预孔或加工余量较大时，可以将工具电极制作为阶梯状，将工具电极分为两段，即缩小了尺寸的粗加工段和保持凸模尺寸的精加工段。粗加工时，采用工具电极相对损耗小、加工速度高的电规准加工，粗加工段加工完成后只剩下较小的加工余量，如图 12-5（a）所示。精加工段即凸模段，可采用类似于直接法的方法进行加工，以达到凸凹模配合的技术要求，如图 12-5（b）所示。

（2）在加工小间隙、无间隙的冷冲模具时，配合间隙小于最小的电火花加工放电间隙，用凸模作为精加工段是不能实现加工的，则可将凸模加长后，再加工或腐蚀成阶梯状，使阶梯的精加工段与凸模有均匀的尺寸差，通过加工规准对放电间隙尺寸的控制，使加工后符合凸凹模配合的技术要求，如图 12-5（c）所示。

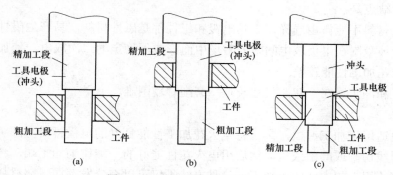

图 12-5 用阶梯工具电极加工冲模

（a）用阶梯工具粗加工段加工；（b）用阶梯工具精加工段加工；（c）将凸模加长后，再做成阶梯电极

五、工件的准备

电火花加工前，工件（凹模）型孔部分要加工预孔，并留适当的电火花加工余量。余量的大小应能补偿电火花加工的定位、找正误差及机械加工误差。一般情况下，单边余量以 0.3～1.5mm 为宜，并力求均匀。对形状复杂的型孔，余量要适当加工。

六、电极的准备

1. 电极材料的选择

凸模一般选碳素工具钢 T8A、T10A，铬钢 Cr12、GCr15，硬质合金等。应注意：凸、凹模不宜选用同一种型号钢材，否则电火花加工时就不易稳定。

2. 电极的设计

由于凹模的精度主要决定于工具电极的精度，因而对它有较为严格的要求，要求工具电极的尺寸精度和表面粗糙度比凹模高一级，一般精度不低于 IT7，表面粗糙度 $Ra <$ 1.25μm，且直线度、平面度和平行度在 100mm 长度上不大于 0.01mm。

工具电极应有足够的长度，要考虑端部损耗后仍有足够的修光长度。

若加工硬质合金，由于电极损耗较大，电极还应适当加长。

工具电极的截面轮廓尺寸除考虑配合间隙外，还要考虑比预定加工的型孔尺寸均匀地缩小一个加工时的火花放电间隙。

3. 电极的制造

过去冲模电极的制造一般要经过成型磨削。一些不易磨削加工的材料，可在机械加工后，由钳工精修。目前，直接用电火花线切割加工电极已获得广泛的应用。

采用钢凸模淬火后直接作为电极加工钢凹模时，可用线切割或成型磨削磨出。如果凸凹模配合间隙超出电火花加工间隙范围，则作为电极的部分必须在此基础上增大或缩小。可采用化学浸蚀的办法做出一面台阶，均匀减少到尺寸要求，或采用镀铜、镀锌的办法扩大到要求的尺寸。

在加工冲模时，尤其是"钢打钢"加工冲模时，为了提高加工速度，常将电极工具的下端用化学腐蚀（酸洗）的方法均匀腐蚀去一定厚度，使电极工具成为阶梯形。这样，刚开始加工时可用较小的截面、较大的规准进行粗加工，等到大部分预留量已被蚀除、型孔基本穿透，再用上部较大截面的电极工具进行精加工，保证所需的模具配合间隙。

阶梯部分的长度 l 一般为冲模刃口高度 h 的 1.2～2.4 倍，即 $l=1.2～2.4h$，阶梯电极的单边缩小量（单面蚀除厚度）Δ 可按下式计算

$$\Delta \geqslant \delta_粗 - \delta_精 + b \qquad (12-1)$$

式中　$\delta_粗$——粗加工单面火花放电间隙，mm；

$\delta_精$——精加工单面火花放电间隙，mm；

b——留给精加工的单面加工余量，$b=0.02～0.04$mm。

七、工件的定位与装夹

一般情况下，工件可直接装夹在垫块或工作台面上。采用下冲油时，工件可装夹在油杯上，通过压板压紧。工作台有坐标移动时，应使工件基准线与拖板一轴移动方向一致，便于电极和工件间的校正定位。

（1）工件的定位。工件定位分两种情况，一种是划线后按目测打印法校正，适合工件毛坯余量较大的加工，这种定位方法较简单；另一种是借助量具块规、卡尺等和专用二类夹具来定位，适合工件加工余量少、定位较困难的加工。

（2）工件的压装。工作台上的油杯及盖垫板中心孔要与电极找同心，以利于油路循环，提高加工稳定性。同时，使工件与工作台平行，并用压板妥善地压紧在油杯盖板上，防止在加工中由于"放炮"等因素造成工件的位移。

八、电极装夹与校正

电极装夹的目的是将电极安装在机床的主轴头上，电极校正的目的是使电极的轴线平行于主轴头的轴线，即保证电极与工作台台面垂直，必要时还应保证电极的横截面基准与机床的 X、Y 轴平行。

1. 电极的装夹

电极在安装时，一般使用通用夹具或专用夹具直接将电极装夹在机床主轴的下端。

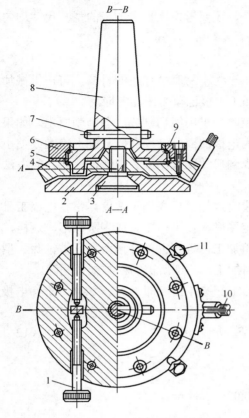

图 12-6　带垂直和水平转角调节装置的夹头

1—调节螺钉；2—摆动法兰盘；3—球面螺钉；4—调角校正架；

5—调整垫；6—上压板；7—销钉；8—锥柄座；

9—滚珠；10—电源线；11—垂直度调节螺钉

2. 电极的校正

电极装夹好后，必须进行校正才能加工，即不仅要调节电极与工件基准面垂直，而且需在水平面内调节、转动一个角度，使工具电极的截面形状与将要加工的工件型孔或型腔定位的位置一致。电极与工件基准面垂直常用球面铰链来实现，工具电极的截面形状与型孔或型腔的定位靠主轴与工具电极安装面相对转动机构来调节，垂直度与水平转角调节正确后，都应用螺钉夹紧，如图 12-6 所示。

注意

电极的校正不仅要调节电极与工件基准面垂直，而且要调节电极和工件的相对位置，使电极和工件的截面形状与将要加工的型孔或型腔定位的位置一致。

电极装夹到主轴上后，必须进行校正，一般的校正方法如下：

（1）根据电极的侧基准面，采用千分表找正电极的垂直度，如图 12-7 所示。

（2）电极上无侧面基准时，将电极上端面作辅助基准找正电极的垂直度，如图 12-8 所示。

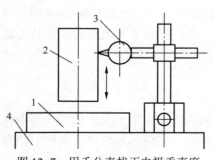

图 12-7　用千分表找正电极垂直度

1—凹模；2—电极；3—千分表；4—工作台

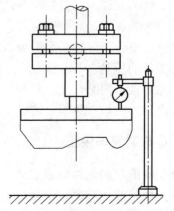

图 12-8　用电极上端面作辅助基准

找正电极的垂直度

九、电极与工件相对位置的校正

为确定电极与工件之间的相对位置，可采用如下方法：

1. 目测法

目测电极与工件相互位置，利用工作台纵、横坐标的移动加以调整，达到校正的目的。

2. 打印法

用目测大致调整好电极与工件的相对位置后，接通脉冲电源弱规准，加工出一浅印，使模具型孔周边都有放电加工量，即可继续放电加工。

3. 测量法

利用量具、块规、卡尺定位。在采用组合电极加工时，其与工件的校正方法和单电极一样，但注意：位置确定后，应使每个预孔都要加工上。

任务二　简单方孔冲模加工技能训练

本任务要求运用电火花成型机床加工如图 12-9 所示的方孔冲模，凹模尺寸为 $25mm \times 25mm$，深 10mm，工件材料为 40Cr。

一、工艺分析

电火花加工模具一般都在淬火以后进行，毛坯上一般应先加工出预孔，如图 12-10（a）所示，其余与图 12-9 相同。

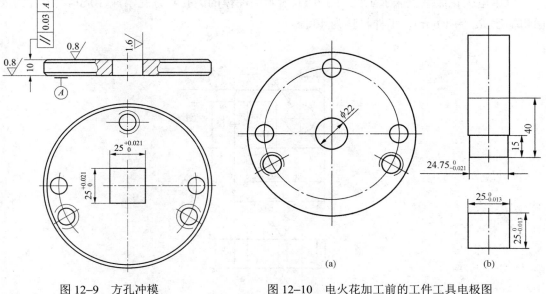

图 12-9　方孔冲模　　　　　　图 12-10　电火花加工前的工件工具电极图
（a）在模具上加工预孔；（b）工具电极

加工冲模的电极材料，一般选用铸铁或钢，这样可以采用成型磨削方法制造电极。为了简化电极的制造过程，也可采用钢电极，材料为 Cr12，电极的尺寸精度和表面粗糙度比凹模优一级。为了实现粗、中、精规准转换，电极前端应进行腐蚀处理，腐蚀高度为 15mm，双边腐蚀量为 0.25mm，如图 12-10（b）所示。电火花加工前，工件和工具电极都必须经过退磁。

二、工艺实施

电极装夹在机床主轴头的夹具中进行精确找正，使电极对机床工作台面的垂直度小于 0.01mm/100mm。工件安装在油杯上，工件上、下端面保持与工作台面平行。加工时采用下冲油，用粗、精加工两挡规准，并采用高、低压复合脉冲电源，见表 12-1。

表 12-1 加 工 规 准

加工规准	脉宽/μs		电压/V		电流/A		脉间/μs	冲油压力/kPa	加工深度/mm
	高压	低压	高压	低压	高压	低压			
粗加工	12	25	250	60	1	9	30	9.8	15
精加工	7	2	200	60	0.8	1.2	25	19.6	20

任 务 三　冲 模 加 工 实 训

运用电火花成型机床加工如图 12-11 所示的冲模的圆孔和方孔，深 10mm，工件的表面粗糙度 Ra 为 1.6μm，工件材料为 40Cr。

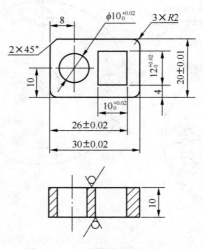

图 12-11　冲模的圆孔和方孔

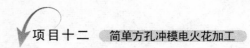

测评标准见表 12–2。

表 12–2　　　　　　　　　　加 工 实 训 评 分 表

考核内容	评 分 项 目	配分	评分标准	扣分记录及备注	得分
加工前的准备工作	1. 电极装夹 2. 电极的校正定位	5 5			
工件的定位与夹紧	1. 工件定位合理 2. 工件正确装夹	6 4			
加工工艺与 加工规准	1. 正确制定加工工艺 2. 确定正确的加工规准	10 10			
机床操作	1. 开机顺序正确 2. 控制柜面板按钮操作正确 4. 电极与工件相对位置的校正 5. 在机床上选择正确的工艺参数 6. 合理调整工作液流量	3 2 3 5 2			
工件的尺寸	1. $\phi 10^{+0.02}_{0}$ mm 2. $\phi 10^{+0.02}_{0}$ mm 3. $\phi 12^{+0.02}_{0}$ mm	10 10 10	超差 0.01mm 扣 2 分 超差 0.01mm 扣 2 分 超差 0.01mm 扣 2 分		
工件的表面质量	$Ra1.6\mu m$	5			
加工后的工作	1. 加工后应清理机床 2. 填写记录	3 2			
安全文明生产	整个操作过程应安全文明	5			
额定时间	180min		每超时 1min 扣 1 分		
开始时间		结束时间		实际时间		成绩	

项目十三

花纹模具电火花加工

任务一 学习电火花成型加工工艺方法

一、电火花成型加工的常用工艺方法

电火花成型加工和穿孔加工相比有下列特点：

（1）电火花成型加工为盲孔加工，工作液循环困难，电蚀产物排除条件差。

（2）型腔多由球面、锥面、曲面组成，且在一个型腔内常有各种圆角、凸台或凹槽，有深有浅，还有各种形状的曲面相接，轮廓形状不同，结构复杂。这就使得加工中电极的长度和型面损耗不一，故损耗规律复杂，且电极的损耗不可能由进给实现补偿，因此型腔加工的电极损耗较难进行补偿。

（3）材料去除量大，表面粗糙度要求严格。

（4）加工面积变化大，要求电规准的调节范围相应也大。

常见的电火花成型加工工艺方法如下：

（1）单电极直接加工成型工艺。单电极直接加工成型工艺，主要用于加工深度很浅的型腔，如各种纪念章、证章、纪念币的花纹模压型，在模具表面加工商标、厂标、中外文字母以及工艺美术图案、浮雕等。除此之外，也可用于加工无直壁的浅型腔模具或成型表面。因为浅型腔模具，除要求花纹精细外还要求棱角清晰，所以不能采用平动或摇动加工；而无直壁的浅型腔表面都与水平面有一倾斜角，工具电极在向下垂直进给时，对倾斜的型腔表面有一定的修整、修光作用，再通过多次加工规准的转换，采用精加工低损耗电源，有时不用平动、摇动就可以修光侧壁，达到加工目的。

（2）单电极平动、摇动加工法。单电极平动法在型腔模电火加工中应用最广泛。它是用一个电极完成型腔的粗、中、精加工的。首先用低损耗（$\theta < 1\%$）、高生产率的粗规准进

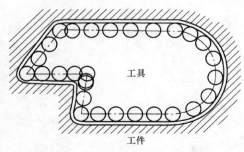

图13-1 平动头扩大间隙原理图

行加工，然后利用平动头作平面小圆运动，如图13-1所示，按照粗、中、精的顺序逐级改变电规准。与此同时，依次加大电极的平动量，以补偿前后两个加工规准之间型腔侧面放电间隙差和表面微观不平度差，实现型腔侧面仿型修光，完成整个型腔模的加工。

如果不采用平动摇动加工，则如图13-2（a）所示，在用粗加工电极对型腔进行粗加工之后，

型腔四周侧壁留下很大的放电间隙，而且表面粗糙度很差。如图 13-2（b）所示，此时再用精加工规准已无法对侧壁进行加工，必要时只好更换一个尺寸较大的精加工电极，如图 13-2（c）所示，费时又费钱。如果采用平动、摇动加工，如图 13-2（d）、图 13-2（e）所示，只要用一个电极向左、右、前、后平动，逐步地由粗到精改变规准，就可以较快地加工出型腔来。

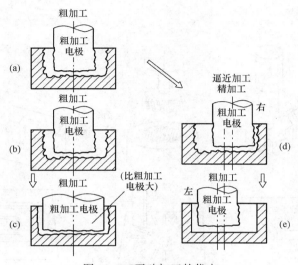

图 13-2　平动加工的优点

（a）不采用平动加工；（b）用精加工规准无法对侧壁进行加工；（c）更换一个尺寸较大的
精加工电极；（d）采用平动加工，电极右平动；（e）采用平动加工，电极向左平动

用平动头单电极平动法的最大优点是只需一个电极、一次装夹定位，便可达到 ±0.05mm 的加工精度，并方便了电蚀产物的排除，使加工过程稳定。其缺点是难以获得高精度的型腔模，特别是难以加工出清棱、清角的型腔。因为平动时，电极上的每一个点都按平动头的偏心半径作圆周运动，清角半径由偏心半径决定。此外，电极在粗加工中容易引起不平的表面龟裂状的积炭层，影响型腔表面粗糙度。为弥补这一缺点，可采用精度较高的重复定位夹具，将粗加工后的电极取下，经均匀修光后，再重复定位装夹，再用平动头完成型腔的终加工，可消除上述缺陷。

采用数控电火花加工机床时，是利用工作台按一定轨迹做微量移动来修光侧面的，为区别于夹持在主轴头上的平动头的运动，通常将其称作摇动。由于摇动轨迹是靠数控系统产生的，所以具有更灵活多样的模式，除了小圆轨迹运动外，还有方形、十字形运动，因此更能适应复杂形状的侧面修光的需要，尤其可以做到尖角处的"清根"，这是一般平动头所无法做到的。如图 13-3（a）所示为基本摇动模式，如图 13-3（b）所示为工作台变半径圆形摇动，主轴上下数控联动，可以修光或加工出锥面、球面。由此可见，数控电火花加工机床更适合单电极法加工。

另外，可以利用数控功能加工出以往普通机床难以或不能加工的工件。如利用简单电极配合侧向（X、Y 向）移动、转动、分度等进行多轴控制，可加工复杂曲面、螺旋面、坐标孔、侧向孔、分度槽等，如图 13-3（c）所示。

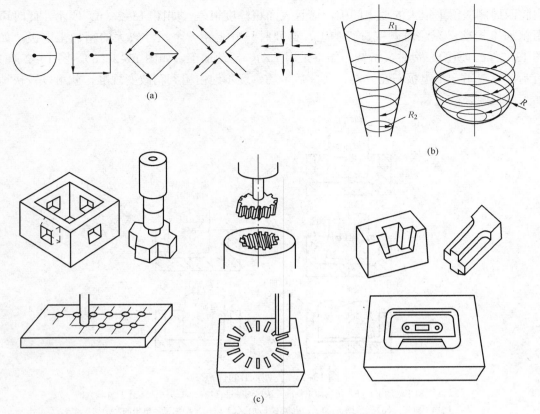

图 13-3　几种典型的摇动模式和加工实例
（a）基本摇动模式；（b）锥变摇动模式；（c）数控联动加工实例
R_1—起始半径；R_2—终了半径；R—球面半径

（3）手动侧壁修光法。有些模具制造单位受资金等条件限制，没有平动头或数控电火花加工机床，无法实现平动、摇动加工。此时对简单方形的型腔模具零件，可以采用手动侧壁修光法，它是利用移动轮流修光各方向的侧壁。例如，在某型腔粗加工完毕后，采用中加工规准先将底面修出；然后，如图 13-4（a）所示将工作台沿 X 轴方向右移一个尺寸 d，修光型腔左侧壁；依次使电极相对工作台沿 Y 轴前进方向移动 d，修光型腔后壁如图 13-4（b）所示；沿 X 轴方向左移 $2d$，修光型腔右壁如图 13-4（c）所示；再沿 Y 轴后退方向移动 $2d$，修光型腔前壁如图 13-4（d）所示，最后右移修去缺角 5。完成这样一个周期后，随着加工规准地不断切换，逐渐增大 d 值，使型腔最后达到完全修光的目的。

这种方法有两点注意事项：第一，各方向侧壁的修整必须同时依次进行，不可先将一个侧壁完全修光后，再退回较粗的加工规准修另一个侧壁，以免二次放电将已修好的侧壁损伤；第二，每次修完四个方向侧壁后，必然剩下一个小角未被修复，如图 13-4（d）所示。因此，必须在修光 Y 轴上的最后一个侧壁后，将 X 坐标移至修第一个侧壁时的位置，将剩下的小角修出。

这种加工方法的优点是可以采用单电极完成一个型腔的全部加工过程；缺点是操作烦

琐，尤其在单面修光侧壁时，加工很难稳定，不易采取冲油措施，延长了中、精加工的加工周期，而且无法修圆形轮廓的型腔。

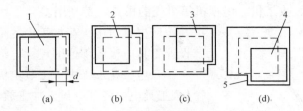

图 13-4　侧壁轮流修光法示意图

（a）沿 X 轴方向右移 d；（b）沿 Y 轴前进方向移动 d；（c）沿 X 轴方向左移 $2d$；（d）沿 Y 轴后退方向移动 $2d$

1—修左侧壁时工具电极位置；2—修前侧壁时工具电极位置；3—修右侧壁时工具电极位置；

4—修后侧壁时工具电极位置；5—修完四个方向侧壁后剩下的未修小角

（4）分解工具电极法。分解工具电极法是单工具电极平动法和多工具电极更换法的综合应用。它工艺灵活性强，仿形精度高，适用于尖角窄缝、沉孔、深槽多的复杂型腔模具加工。

根据型腔的几何形状，把工具电极分解为主型腔工具电极和副型腔工具电极分别制造，分别使用。主型腔一般完成去除量大、形状简单的主型腔加工，如图 13-5（a）所示；副型腔工具电极一般完成去除量小、形状复杂（如尖角、窄槽、花纹等）的副型腔加工，如图 13-5（b）所示。加工时，若主型腔采取平动工艺，则必须在完成主型腔加工后，令平动头回零（即平动前的原始位置），再更换副型腔工具电极。

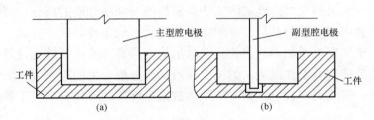

图 13-5　分解工具电极加工法示意图

（a）主型腔加工；（b）副型腔加工

此方法的优点是可以根据主、副型腔不同的加工条件，选择不同的加工规准，有利于提高加工速度和改善加工表面质量，同时还可以简化电极制造，便于修整电极。缺点是更换电极时主型腔和副型腔电极之间要求有精确的定位。

近年来，国外已广泛采用像加工中心那样具有电极库的 3～5 坐标数控电火花机床，事先把复杂型腔分解为简单表面和相应的简单电极，编制好程序，加工过程中自动更换电极和转换规准，实现复杂型腔的加工。同时配合一套高精度辅助工具、夹具系统，可以大大提高电极的装夹定位精度，使采用分解电极法加工的模具精度大为提高。

（5）多工具电极更换法。在没有平动或摇动加工的条件时，也可采用多工具电极更换法，它是采用多个工具电极依次更换加工同一个型腔，每个电极加工时必须把上一规准的放电痕迹去掉。一般用两个电极进行粗、精加工就可满足要求；当型腔模的尺寸精度和表面粗糙度要求很高时，才采用三个或更多个电极进行加工，但要求多个电极的一致性好、制造精度高；另外，更换电极时要求定位装夹精度高，因此一般只用于精密型腔的加工，例如过去的盒式磁带、收录机、电视机等机壳的模具，都是用多个工具电极加工出来的。

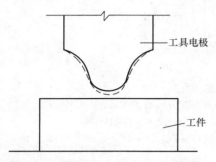

图 13-6　根据对工具电极损耗的预测，
对工具电极的尺寸和形状进行补偿
实线——工具电极的理论形状、尺寸；
虚线——工具电极经补偿修正的形状、尺寸

应根据对电火花加工中各阶段的损耗预测，来设计工具电极各部位的尺寸、形状和制造工艺。

在电火花加工中，工具电极尺寸和形状千变万化，工具电极各部分投入加工放电的顺序有先有后，工具电极上各点的总加工时间和损耗也不相同。因此，必须以此为依据，定量预测各部分的损耗值，将其作为修正值来设计工具电极的尺寸。如图 13-6 所示为经过损耗预测后，对工具电极尺寸和形状进行补偿修正的示意图。图 13-6 中，实线为工具电极的理论形状尺寸（即加工后的形状尺寸）；虚线是工具电极经补偿修正的形状尺寸（即加工前的形状尺寸）。

二、电火花加工的排渣与排气

通过电火花加工原理和放电机理知道，电火花加工一定要在工作液介质当中进行，在电火花加工过程中电蚀产物（金属熔化、汽化的细微颗粒、炭粒及工作液被汽化、裂化所产生的有害气体）如果不及时排除扩散出去，就会改变间隙介质的成分，降低绝缘强度，如果放电蚀除产物用在间隙中某局部聚积太多，将会形成电极与蚀除物质（如炭渣等）二次放电，二次放电的反复增加，就会使火花放电转变为有害的电弧放电，导致电极与工件的烧伤，严重的致使模具工件报废，如果工作液高温分解产生的有害气体大量的聚积，得不到及时的排出，形成局部真空，就会产生"放炮"现象，致使电极或工件的位置偏移，容易造成废品。

因此，这些蚀除产物的聚积、放电气体的聚积，要靠排渣与排气解决，也就是要加强工作液在放电间隙中的循环，改善工作液的污染程度，保证工作液的绝缘强度，选择合理的加工参数（包括电压幅值、峰值电流、脉宽、间隔等），选择合理的加工工艺，使放电过程稳定，使工作液的污染程度产生最佳效果，减小电极损耗，提高加工效率，保证加工质量。所以说电火花加工的排渣与排气必须引起足够的重视。

（1）冲、抽液的排渣与排气。如果连通到加工间隙的液管的液压高于加工间隙的液压，就会使经过过滤后的纯净工作液冲入间隙，称之为冲液（又称冲油）。

在电极或工件上开加工液孔的方法为冲液法（见图 13-7），此法应用广泛。推荐的冲液压力见表 13-1。

上冲液一般应用在加工复杂型腔或在没有预孔的情况下，如加工深小孔时，多采用上冲液方式。

下冲液多用于直壁小孔的加工中，或型腔本身具有可以利用的孔，如顶出杆孔，流道孔等，则可以作为冲液孔，实行下冲液。

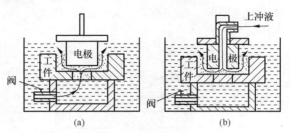

图 13-7　冲液法
（a）下冲液；（b）上冲液

表 13-1		冲 液 压 力 推 荐 值	
类型		加工冲液压力/10^2kPa	备　　注
穿孔		粗加工　0.06～0.2 精加工　0.1～0.4 微孔加工 0.5～0.1	穿孔加工几乎都适用，侧面带锥度（因加工屑二次放电）、微孔加工用空心管电极
型腔		粗加工　Cr 电极 0.1～0.2 　　　　Cu 电极 0.5～0.1 精加工　Cr 电极 0.1～0.3 　　　　Cu 电极 0.05～0.1	除了不能使用加工液的，几乎所有型腔加工都适用。若用铜电极时，如果油压过高，则电极损耗增加

如果连通至电加工间隙的液管的液压低于加工间隙的液压，就会使加工间隙被污染的工作液抽、吸而流出加工间隙，称为抽液（又称抽油）。

加工液经过工件底部或通过电极被吸入到循环系统（即油箱）的方法称为抽液法（见图 13-8）。此法实际上只有在特殊需要的场合（要求侧壁间隙尽量减少二次放电）才应用。表 13-2 列出抽、吸压力推荐值。

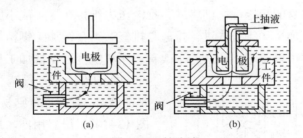

图 13-8　抽液法
（a）下抽液；（b）上抽液
注：此图阀均为可燃气体阀。

表 13-2	抽、吸 压 力 推 荐 值	
类型	抽、吸压力/kPa	备　　注
型腔	精加工　13.3～26.7 （标准为 20）	电极强度小时，为 13.3kPa 左右，电极强度大时，可以为 26kPa，根据抽吸压力的规定，把加工液槽右上面的抽吸压力调整旋钮完全松开，根据设备在油杯侧面左下方的阀来细心调节
穿腔	精加工　13.3～20	与冲液法相比，因为难于少量流通，电极损耗较大

如果电极或工件上不能开加工液孔时，从电极的侧面喷射加工液的方法称为侧冲法（见图13-9）。此法常应用于浅型腔，如纪念章、纪念币、花纹模等。加工液的喷射压力推荐值见表13-3。

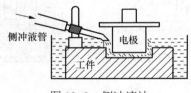

图13-9　侧冲液法

表 13-3　　　　　　　　　　　　喷 射 压 力 推 荐 值

类型	喷射压力/10²kPa	备　　注
型腔	粗加工　0.05 以上 精加工　0.05 以上	加工深度浅时规定在 20kPa 左右（由于电极损耗的关系），加工深度深时且加工表面粗糙度值小时，喷射压力增大，往往达到 100kPa
穿腔	粗加工　0.05 以上 精加工　0.05 以上	常用于难以加工液孔或薄板的零件加工

采用冲、抽液方式进行排渣与排气，可以促使电火花成型加工过程稳定。但是，如果冲、抽液的压力和工作液介质流速过大，使加工间隙的排渣和消电离速度加快，就不利于维持工具电极表面形成炭黑覆盖层的温度，从而减弱了炭黑覆盖效应，加快了电极的损耗速度，这里主要是指紫铜材料做工具电极。但对石墨材料做工具电极，冲、抽液压力大小对电极损耗影响就不大。

当紫铜加工钢粗加工时，只采用工作液自身循环，依靠粗规准自身的爆炸力及主轴进给的自身灵敏度进行排渣与排气，维持稳定加工，减小电极损耗，达到成型加工目的。如果粗加工不能维持自身的稳定性，则将冲、抽液压力维持在尽可能小的范围内，或采取其他措施，如加抬刀、加平动等方式进行排渣与排气。当紫铜加工钢精加工时，因加工量很小，电极损耗均匀，可以忽略不计，为了改善表面粗糙度，保持加工稳定性，就应该采用

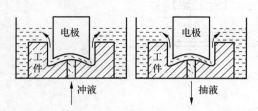

图13-10　冲、抽液方式对工具电极损耗的影响示意图

冲、抽液方式进行排渣与排气。值得注意的是冲液时，对应位置则易于形成凹形端面（见图13-10）。最好用冲、抽交替的方法。可以使单独用冲液或抽液所形成端面变形的缺陷彼此抵消，得到较为平整的端面。

当采用侧冲方式进行排渣、排气时，应小心调整喷射压力，使电极加工表面得以均匀排渣，此时往往与电极抬刀配合进行排气。当加工平坦表面时，排渣方向必须与成型进入角配合一致（见图13-11）。当加工矩形槽沟时，加工液流向要施加于电极较长一侧，如此才会注入工件型腔底部（见图13-12）。万万不可同时从电极两侧边引进，因为两股流量会在型腔底部互相抵消，残渣就不能排除。

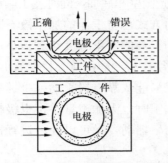
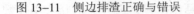
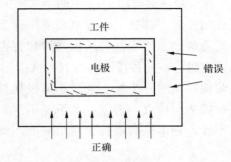

图 13-11　侧边排渣正确与错误　　　　图 13-12　矩形工件侧冲液的正确与错误

（2）加工液"挤压"式的排渣排气。挤压式的排渣与排气，常用的方式有电极抬起（即电极抬刀）和单电极平动、摇动等方式。

1）电极抬起"挤压"式的排渣与排气，就是利用电极间歇抬起，主轴上升，加工间隙增大，使清洁加工液与已被污染的加工液混合，当电极快速下降时，加工液中的残渣与有害气体，即被挤压出放电加工区域，使加工液的污染程度产生最佳效果，如图 6-26 所示。一般电极抬起的方式有定时抬刀和适应控制抬刀。

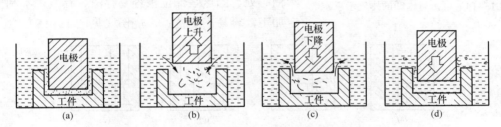

图 13-13　电极抬起与下降排渣、排气示意

（a）放电状态：在加工间隙中产生放电蚀除物及有害气体；（b）电极抬起（又称电极快速上升）：加工液急剧地流进形成负压的电极与加工面之间，使蚀除物与有害气体分散；（c）电极下降：电极与加工面之间的放电蚀除物及有害气体随同加工液一起被迅速排出；（d）准备放电状态：把介于电极与加工面之间的蚀除物和有害气体基本排除

定时抬刀就是按一定的时间间隙，工具电极自动抬起，然后下降进行放电加工。其抬起的高度和抬刀频率应该可以手工调整。此种抬刀方式适合加工面积较大，深度较浅的型腔，其缺点是不容易掌控，当调整频率过高时，生产率下降；反之频率过低，则不利于排渣与排气，容易产生烧伤现象。

适应抬刀能够根据放电间隙状态的变化、加工液被污染的程度、蚀除量堆积的多少来决定抬刀或不抬刀：蚀除产物堆积得多，抬刀频率加快；蚀除物少，抬刀次数减少，使蚀除量和排除量基本平衡，最大限度地提高生产率，保持放电地稳定加工。

适应控制抬刀能够在不能冲油的情况下，进行加工面积较大，加工深度又较深的盲孔型腔的电火花成型加工。

2）单电极平动、摇动"挤压"方式的排渣与排气，就是要求电极在做垂直进给放电加工的同时，还要求在水平 360° 全方位进行横向进给（平动是指电极横向进给加工；摇动是指坐标工作台横向进给加工），不断地扩大加工间隙，修光侧壁和底面，同时使工具电极进行挤压式的排渣与排气。这种电极或坐标工件台的运动方式，将干净的加工液不断地补充到被污染的加工液中，挤压出残渣和有害气体，使加工液的污染程度达到最小，使放电加工稳定进行。此种排渣与排气方式应用最广泛，但往往与冲液排渣、排气合并使用，特别是紫铜打钢时，粗加工为减小电极损耗不能冲液，只能依靠电极平动或坐标工作台摇动进行排渣与排气，否则，就不能正常加工；当精加工时，因加工量小，电极损耗可以忽略不计，为了提高型腔表面粗糙度，就可以既平动、摇动，又可以冲液进行排渣与排气。

（3）排气孔的确定原则。排气孔在工具电极上的具体位置、尺寸、形状大小及数量多少的确定原则如下：

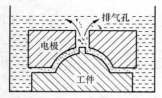

图13-14　电极有内凹的排气示意

1）排气孔应安排在工具电极端面的内凹形部位的上端，为避免有害气体聚积在电极的中空部位，必须在电极上朝上钻孔，确保有害气体的自然排放（见图13-14）。

2）排气孔应安排在工具电极端面的拐角、窄缝、沟槽等处。因这些部位极容易存渣、存气，不利于稳定加工，容易产生拉弧、烧伤（见图13-15）。

（a）　　　　　　（b）　　　　　　（c）　　　　　　（d）

图13-15　排气孔的形状位置要求

（a）内凹弧形；（b）内凹椭圆形；（c）内凹窄槽管；（d）内凹平面

3）排气孔的直径一般为 $\phi1\sim\phi2$mm，若直径过大，则加工之后残留的凸起太大，给善后清理造成困难，若直径过小则起不到应有的作用，不利于排渣与排气。

4）排气孔的上端扩大至 $\phi5\sim\phi8$mm，其位置要适当错开可减少"波纹"地形成。数量的多少要根据具体情况而定。

任务二　花纹模具电火花加工技能训练

本任务要求运用电火花成型机床加工如图13-16所示的花纹模具，工件采用45调质钢，工件无预加工，加工面积约 20cm²。

一、工艺分析

此工件是工艺美术品模具，尺寸精度无严格要求，但要求型面清洁均匀，工艺美术花纹清晰。

（1）工件在电火花加工之前的工艺路线。

1）下料，刨、铣外形，上、下面留磨量。

2）磨上、下面。

（2）工具电极的技术要求。

1）材料：纯铜。

2）尺寸和形状：凸鼓形，面积约 20cm²。

3）在电火花加工前的工艺路线。

a）下料，刨、铣外形，留线切割夹持余量。

b）线切割：编制数控程序，切割出圆形或椭圆形外形。

c）钳：雕刻花纹图案，并用焊锡在电极背面焊装电极柄，花纹模电极如图 13-17 所示。

图 13-16　花纹模具

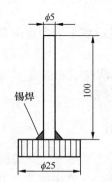

图 13-17　花纹模电极

（3）工艺方法。

单电极直接成型法。

二、工艺实施

（1）装夹、校正、固定。

1）工具电极：以花纹平面周边的上平行面为基准，在 X 和 Y 两个方向校平，然后予以固定。

2）工件：将工件平置于工作台平面，与工具电极对正，然后予以固定。

（2）加工规准。工件采用电脑控制的脉冲电源加工，是电火花加工领域中较为先进的技术。电脑部分拥有典型工艺参数的数据库，脉冲参数可以调出使用。调用的方法是借助脉冲电源装置配备的显示器进行人机会话，由操作者将加工工艺美术花纹的典型数据和加工程序调出，然后根据典型参数数据进行加工。NHP-NC-50A 脉冲电源输出的加工规准和加工程序见表 13-4。

（3）加工效果。

1）加工表面粗糙度 Ra 值为 1～1.6μm，且图案均匀，符合设计要求。

2）花纹清晰，基本看不出有任何损耗模糊的表面。

表 13-4 工艺美术花纹典型加工规准

脉宽/μs	间隔/μs	功放管数		平均加工电流/A	总进给深度/mm	表面粗糙度 Ra/μm	极性
		高压	低压				
250	100	2	6	8	0.9	8	负
150	80	2	4	3	1.1	6	负
50	50	2	4	1.2	1.2	3.5~4	负
16	40	2	4	0.8	1.23	2~2.5	负
2	30	2	2	0.5	1.26	1.6	负

任务三 技能拓展：多工具电极更换加工

工作任务：要求应用电火花成型机床加工如图 13-18 所示的 5m 钢卷尺盒注塑模。工件材料为 45 号钢，工件外形尺寸：160mm×150mm×40mm，要求工件 6 面均磨平，够 90° 直角，其上下两端及四侧面即为基准面；同时划出型腔位置轮廓线。

一、铣削

按型腔轮廓线位置进行铣削加工留出电加工余量，型腔侧壁单边留量在 0.8~1mm，型腔底面留 0.5~1mm。

二、电火花加工

1. 工具电极的技术要求

（1）材料：高纯石墨，紫铜。

（2）电极制造形状尺寸（见图 13-18）：一般情况下，分别在同一块固定板上（或尺寸一致的固定板上）制作粗、精加工两个电极，经铣削直接成型，再经钳工修整，打磨，同时在电极端面商标处打出 2~4 个直径 2mm 的排气孔，商标电极采用紫铜板腐蚀的办法制造。

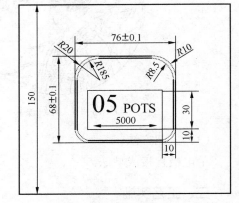

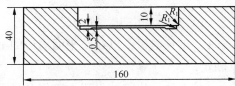

图 13-18 5m 钢卷尺盒注塑模

（3）电极尺寸：按模具图纸，粗加工电极尺寸应均匀缩小 0.8~1mm（双边），精加工电极应均匀缩小 0.4~0.6mm（双边），在商标位置处石墨电极做出平面即可，加工成型后再用铜电极加工出商标位置。

2. 加工要点

由于采用粗、精两个电极加工同一个型腔，所以必须要保证两个电极一致性好，避免出现精修不光的现象。

（1）由于采用石墨材料作电极，可适当加大峰值电流，但在中精加工时应控制峰值，避免侧壁修不光。

（2）当电极加工到预铣型腔底面时，应将型腔内清除干净，避免拉弧、烧伤。在电极端面处一定要打排气孔。加抬刀控制，便于排屑、排气。

（3）由于型腔底面需要亚光面的效果，所以在选规准时粗糙度达到 2.5～4μm 即可。但要求均匀、无烧伤痕迹。

3．装夹、校正、固定

（1）电极必须固定在同样的固定板上，以固定板两侧为基准面，校正 X、Y 向与机床 X、Y 坐标平行；然后以固定板上端面为基准面，校正固定板上的水平度，保证与 Z 轴垂直。

（2）将工件放置于工作台上，保证工件的两面与机床 X、Y 坐标平行，压上压板紧固工件，然后移动机床 X、Y 坐标，使电极对准工件，移动数值应以工件基准面为基准，按图纸计算出来。

4．使用设备

使用 D7145 电火花成型机床。

5．加工规准

5M 钢卷尺盒注塑模加工规准见表 13–5。

表 13–5　　　　　　　　　　　5M 钢卷尺盒注塑模加工规准

加工规准	脉宽/μs	间隔/μs	电源电压/V	空载电压/V	加工电流/A	间隙电压/V	加工深度/mm	加工极性（±）
粗加工	400	100	60	20	20	18	11.5	－
精加工	100	70	60	20	10	16	11.9	－
	10	50	60	20	4	20	12	＋

6．加工效果

（1）由于使用粗、精两个加工电极加工主型腔，虽然加工过程麻烦，但能保证加工精度和表面质量，基本满足图纸要求。

（2）加工表面粗糙度均匀，Ra 值为 2.5μm。

（3）加工时间总计 12h。

7．注意事项

此 5m 钢卷尺盒注塑模，为上下两型腔，当加工下型腔模具时注意合模精度尺寸，保证上、下模型腔加工尺寸一致，位置尺寸一致。

注射模镶块电火花加工

本项目要求运用电火花成型机床加工如图 14-1 所示的注射模镶块，该零件材料为 40Cr，硬度为 38～40HRC，加工表面粗糙度 Ra 为 0.8μm，要求型腔侧面棱角清晰，圆角半径 $R<0.25$mm。

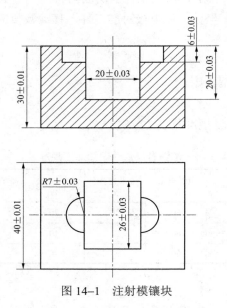

图 14-1　注射模镶块

任务一　学习电规准和电极设计知识

一、电规准的选择

电火花加工中所选用的一组电脉冲参数称为电规准，主要包括：脉冲宽度、脉冲间隔和峰值电流。电规准应根据工件的加工要求、电极和工件材料、加工的工艺指标等因素来选择。选择的电规准是否恰当，不仅影响模具的加工精度，还直接影响加工的生产率和经济性。电规准在生产中主要通过工艺试验确定（这一试验一般由机床厂家在电火花机床的调试过程中进行，并将加工数据提供给机床的使用者）。通常要用几个（一组）电规准才能完成凹模型孔加工的全过程。电规准分为粗、中、精三种。

粗规准主要用于粗加工。对它的要求是生产效率高，工具电极损耗小。被加工的表面粗糙度 $Ra<10$μm。所以粗规准一般采用较大的脉冲宽度（20～60μs）和较大的电流峰值。

采用钢电极时，电极的相对损耗应低于10%。

中规准是粗、精加工间过渡性加工所采用的电规准，用以减少精加工余量，促使加工的稳定性和加工速度提高。中规准一般采用的脉冲宽度为6~20μs。被加工表面粗糙度 Ra 为10~2.5μm。

精规准用来进行精加工，要求在保证冲模各项技术条件（如冲裁间隙、表面粗糙度、刃口斜度等）的前提下尽可能提高生产率。加工中一般采用小的电流峰值、高的脉冲频率和小的脉冲宽度（2~6μs）。

二、电规准的转换与平动量的分配

从一个规准加工调整到另一个规准加工称为电规准的转换。

粗、精规准的正确配合，可以较好地解决电火花加工的质量和生产效率之间的矛盾。冲模加工时电规准转换的一般顺序是：先按选定的粗规准加工，当加工结束时，转换为中规准，加工1~2mm后转入精规准加工。用阶梯电极时，当阶梯电极工作端的台阶进给到凹模刃口处时，转换成中规准过渡，加工1~2mm（取决于刃口高度和精规准的稳定程度）后，再转入精规准加工。若精规准有两挡，还应依次进行转换。在规准转换时，其他工艺条件也要适当配合调整。粗加工时，排屑容易，冲油压力应小些；转入精规准后加工深度增加，放电间隙减小，使排屑困难，冲油压力应逐渐增大；当电极穿透工件时，冲油压力要适当降低。对加工斜度、粗糙度要求较小和加工精度要求较高的冲模加工，可将绝缘介质的循环方式由上部入口处的冲油改成孔下端抽油，以减小二次放电的影响。

电规准转换的挡数，应根据加工对象确定。加工尺寸小、形状简单的浅型腔，电规准转换挡数可少些；加工尺寸大、深度大、形状复杂的型腔，电规准转换的挡数应多些。粗规准一般选择1挡，中规准和精规准选择2~4挡。

 注意

电规准转换的挡数，应根据加工对象确定。

平动量的分配主要取决于被加工表面修光余量的大小、电极损耗、主轴进给运动的精度等因素。加工形状复杂、棱（槽）细小、深度较浅、尺寸较小的型腔，平动量应选小些；反之，应选大些。

因用粗、中、精各挡电规准进行加工所产生的放电凹坑深浅不同，为了保证粗糙度和生产率的要求，希望精加工所产生的电蚀凹坑底部和粗加工的电蚀凹坑底部齐平，所以，电极的平动量不能按电规准的挡数平均分配。一般，中规准加工的平动量为总平动量的75%~80%，端面进给量为端面余量的75%~80%。中规准加工后，留很小的余量用于精规准修光。考虑到中规准加工时电极的损耗、主轴头进给和平动头运动的误差，电极制造精度和装夹精度等对型腔加工精度的影响，中规准最后一挡加工完毕后，必须测量型腔的尺寸，并按测量结果调整平动头偏心量的大小，以补偿电极损耗和保证型腔的加工精度。

每挡的平动量宜采用微量调整，多次调整的办法工艺效果很好。每增加一次平动量，必须使电极在型腔内上下往返多次进行修整。平动速度不宜太快，要使型腔表面与电极没有碰撞、短路，待充分蚀除后再继续加大平动量，直到加工到所用规准应达到的粗糙度后，再换到下一规准加工。

由于平动头作平面圆周运动的结果，型腔底面上的圆弧凹坑的最低处会形成一个小平面，因此在加工过程中，当侧面修光后，随着加工深度的增加应逐渐减小平动量，以减小圆弧凹坑底部的平面。

用晶体管脉冲电源、石墨电极加工型腔时，电规准的转换与平动量的分配实例见表14-1。

表 14-1　　　　　　　　　　　　电规准的转换与平动量的分配实例

加工类别	加 工 规 准				平动量	进给量	备　　注
	$t_i/\mu s$	$t_0/\mu s$	U/V	I_e/A	e/mm	s/mm	
粗加工	600	350	80	35	0	0.6	腔型加工深度为101mm，电极双面收缩量为 1.2mm。工件材料为CrWMn
中加工	400	250	60	15	0.2	0.3	
	250	200	60	10	0.35	0.2	
	50	50	100	7	0.45	0.12	
精加工	15	35	100	4	0.52	0.06	
	10	23	100	1	0.57	0.02	
	6	19	80	0.5	0.6		

三、电极设计

电极设计是电火花加工中的关键点之一。在设计中，首先是详细分析产品图纸，确定电火花加工位置；第二是根据现有设备、材料、拟采用的加工工艺等具体情况确定电极的结构形式；第三是根据不同的电极损耗、放电间隙等工艺要求对照型腔尺寸进行缩放，同时要考虑工具电极各部位投入放电加工的先后顺序不同，工具电极上各点的总加工时间和损耗不同，同一电极上端角、边和面上的损耗值不同等因素来适当补偿电极。

1. 电极结构

电极的结构形式应根据其外形尺寸的大小与复杂程度、电极的结构工艺性等因素综合考虑。

（1）整体式电极。整体式电极是用一块整体材料加工而成的。对于横截面积及重量较大的电极，可在电极上开孔以减轻电极重量，但孔不能开通，孔口朝上，如图14-2所示。

（2）组合式电极。当同一凹模上有多个型孔时，在某些情况下可以把多个电极组合在一起，如图14-3所示，一次穿孔可完成各型孔的加工。这种电极被称为组合式电极。用组合式电极加工，生产效率高，各型孔间的位置精度取决于各电极的位置精度。

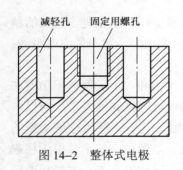

减轻孔　固定用螺孔

图 14-2　整体式电极

（3）镶拼式电极。有些电极采用整体结构时造成机械加工困难，因此常将电极分成几块，分别加工后再镶拼成为整体，如图14-4所示。这样既节省材料又便于机械加工。

电极无论采用哪种结构，都应有足够的刚度，以利于提高机械加工过程的稳定性。对于体积小、易变形的电极，可将电极工作部分以外的截面尺寸增大以提高刚度。对于体积较大的电极要尽可能减轻电极的重量，以减小电火花成型机床的变形。电极与主轴连接后，其重心应位于主轴中心线上，这对于较重的电极尤为重要，否则会产生附加的偏心力矩，使电极轴线偏斜，影响模具的加工精度。

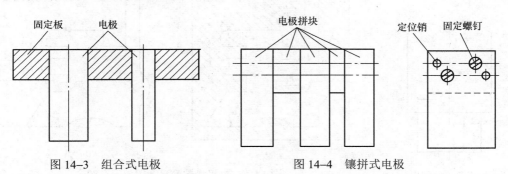

图 14-3　组合式电极　　　　图 14-4　镶拼式电极

2. 电极的尺寸

电极的尺寸包括长度尺寸和横截面尺寸。电极横截面的尺寸公差取型腔相应部分公差的 $1/2 \sim 2/3$，电极的粗糙度不大于型腔的粗糙度，侧面的平行度误差在 100mm 的长度上不超过 0.01mm。

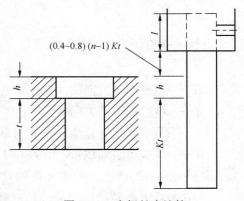

图 14-5　电极长度计算

（1）电极的长度。电极的长度取决于凹模的结构形式、型孔的复杂程度、加工深度、电极材料、电极使用次数、装夹形式及电极制造工艺等一系列因素，如图 14-5 所示，可按此计算。

$$L = Kt + h + l + (0.4 \sim 0.8)(n-1)Kt \qquad （14-1）$$

式中　t——凹模有效厚度（电火花加工深度）；

　　　h——当凹模下部挖空时，电极需要加长的长度；

　　　l——夹持电极而增加的长度（为 $10 \sim 20$mm）；

　　　n——电极的使用次数；

　　　K——与电极材料、型孔复杂程度等有关的系数。K 值选用的经验数据为：紫铜 $2 \sim 2.5$，黄铜 $3 \sim 3.5$，石墨 $1.7 \sim 2$，铸铁 $2.5 \sim 3$，钢 $3 \sim 3.5$。损耗小的电极材料，型孔简单，电极轮廓尖角较小时，K 取小值；反之取大值。

在加工硬质合金时，由于电极损耗较大，因而电极长度应适当加长些。但其总长度不宜过长，太长会带来制造上的困难。

在生产中，为了减少脉冲参数的转换次数，使操作简化，可将电极适当加长，并将增长部分的横截面尺寸均匀减小，做成阶梯状，称为阶梯电极，如图 14-6 所示。阶梯部分的长度 L_1 一般取为凹模加工厚度的 1.5 倍左右；阶梯部分的均匀缩小量 $h_1 = 0.1 \sim 0.15$mm。对阶梯部分不便切削加工的电极，常用化学浸蚀的方法将断面尺寸均匀缩小。

（2）电极的横截面尺寸。电极的横截面尺寸是指与机床主轴轴线相垂直的横截面尺寸，如图 14-7 所示。

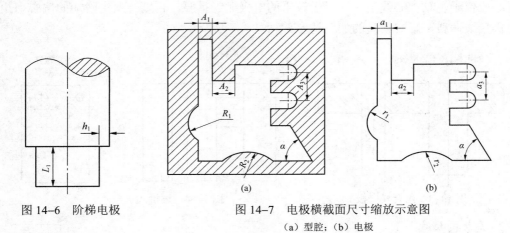

图 14-6　阶梯电极　　　　图 14-7　电极横截面尺寸缩放示意图
（a）型腔；（b）电极

电极的横截面尺寸可用下式确定。

$$a = A \pm Kb \tag{14-2}$$

式中　a——电极水平方向的尺寸；

　　　A——型腔的水平方向的尺寸；

　　　K——与型腔尺寸标注法有关的系数；

　　　b——电极单边缩放量，粗加工时，$b = \delta_1 + \delta_2 + \delta_0$（注：$\delta_1$、$\delta_2$、$\delta_0$ 的意义参见图 14-8）。

$a = A \pm Kb$ 中的"±"号和 K 值的具体含义如下：

1）凡图样上型腔凸出部分，其相对应的电极凹入部分的尺寸应放大，即用"+"号；反之，凡图样上型腔凹入部分，其相对应的电极凸出部分的尺寸应缩小，即用"–"号。

2）K 值的选择原则。当图中型腔尺寸完全标注在边界上（即相当于直径方向尺寸或两边界都为定形边界）时，K 取 2；一端以中心线或非边界线为基准（即相当于半径方向尺寸或一端边界定形另一端边界定位）时，K 取 1；对于图中型腔中心线之间的位置尺寸（即两边界为定位尺寸）以及角度值和某些特殊尺寸（见图 14-9 中的 a_1），电极上相对应的尺寸不增不减，K 取 0。对于圆弧半径，亦按上述原则确定。

根据以上叙述，如图 14-9 所示，电极尺寸 a 与型腔尺寸 A 有如下关系。

$$a_1 = A_1, \quad a_2 = A_2 - 2b, \quad a_3 = A_3 - b, \quad a_4 = A_4, \quad a_5 = A_5 - b, \quad a_6 = A_6 + b$$

当精加工且精加工的平动量为 c 时，$b = \delta_0 + c$。

3. 电极的排气孔和冲油孔

电火花成型加工时，型腔一般均为盲孔，排气、排屑较为困难，这直接影响加工效率与稳定性，精加工时还会影响加工表面粗糙度。为改善排气、排屑条件，大、中型腔加工电极都设计有排气、冲油孔。一般情况下，开孔的位置应尽量保证冲液均匀和气体易于排出。电极开孔示意图如图 14-10 所示。

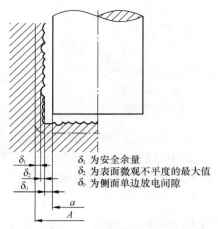

图14-8 电极单边缩放量原理图

δ_1 为安全余量
δ_2 为表面微观不平度的最大值
δ_0 为侧面单边放电间隙

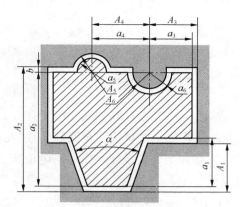

图14-9 电极型腔水平尺寸对比图

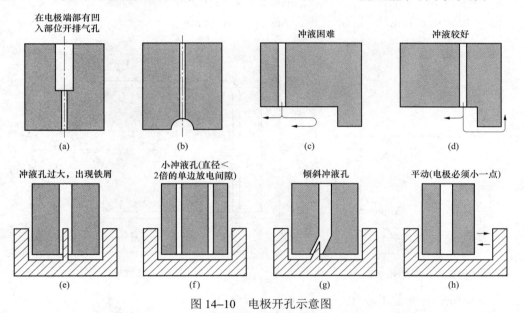

图14-10 电极开孔示意图

（a）将冲油孔或排气孔上端直径加大；（b）气孔尽量开在蚀除面积较大以及电极端部凹入的位置；（c）冲油孔位置不好；（d）冲油孔位置好；（e）冲液孔过大，出现铁屑；（f）小冲液孔；（g）倾斜冲液孔；（h）电极开冲液孔用于平动

在实际设计中要注意以下几点：

（1）为便于排气，经常将冲油孔或排气孔上端直径加大，如图14-10（a）所示。

（2）气孔尽量开在蚀除面积较大以及电极端部凹入的位置，如图14-10（b）所示。

（3）冲油孔要尽量开在不易排屑的拐角、窄缝处，如图14-10（c）所示的位置不好，如图14-10（d）所示的位置较好。

（4）排气孔和冲油孔的直径为平动量的1～2倍，一般取1～1.5mm；为便于排气排屑，常把排气孔、冲油孔的上端孔径加大到5～8mm；孔距在20～40mm，位置相对错开，以避免加工表面出现"波纹"。

（5）尽可能避免冲液孔在加工后留下的柱芯，如图14-10（f）、（g）、（h）所示较好，如图 14–10（e）所示为不好。

 注意

冲油孔的布置需注意冲油要流畅，不可出现无工作液流经的"死区"。

四、电极设计实例

有一孔，形状及尺寸如图 14–11 所示，设计电火花加工此孔的粗、精电极尺寸。已知电火花机床粗加工的单边安全间隙为 0.07mm，精加工的单边放电间隙 δ=0.03mm。

（1）粗加工电极设计。粗加工电极如图 14–12 所示，b 为安全间隙，b=0.07mm，粗加工电极尺寸如下：

A1=100–2b=99.86mm   A2=110–2b=109.86mm

A3=75mm   A4=25–b=24.93mm

A5=10+b=10.07mm   A6=10–b=9.93mm

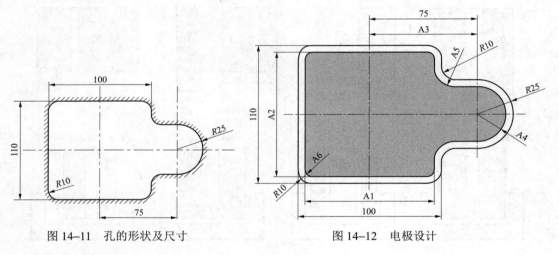

图 14–11　孔的形状及尺寸　　　　　　　　图 14–12　电极设计

（2）精加工电极设计。

略。

任务二　项　目　实　施

一、工艺分析

选用单电极平动法进行电火花成型加工，为保证侧面棱角清晰（R<0.3mm），其平动量应小，取 δ≤0.25mm。

二、工具电极的设计及制造

（1）电极材料选用锻造过的紫铜，以保证电极加工质量以及加工表面粗糙度。

（2）电极结构与尺寸如图 14–13 所示。

1）电极水平尺寸单边缩放量取 b=0.25mm，根据相关计算式可知，平动量 δ_0=0.25$-\delta_{精}$＜0.25mm。

2）由于电极尺寸缩放量较小，用于基本成型的粗加工电规准参数不宜太大。根据工艺数据库所存资料（或经验）可知，实际使用的粗加工参数会产生 1%的电极损耗。因此，对应的型腔主体 20mm 深度与 R7mm 搭子的型腔 6mm 深度的电极长度之差不是 14mm，而是(20$-$6)×(1+1%)=14.14mm。尽管精修时也有损耗，但由于两部分精修量一样，故不会影响二者深度之差。如图 14–13 所示的电极结构，其总长度无严格要求。

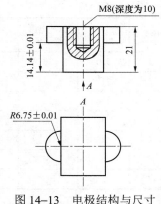

图 14–13　电极结构与尺寸

（3）电极制造。电极可以用机械加工的方法制造，但因有两个半圆的搭子，一般都用线切割加工，主要工序如下：

1）备料；

2）刨削上下面；

3）画线；

4）加工 M8 螺孔，深度为 10mm；

5）按水平尺寸用线切割加工；

6）按图示方向前后转动 90°，用线切割加工两个半圆及主体部分长度；

7）钳工修整。

三、镶块坯料加工

（1）按尺寸需要备料；

（2）刨削六面体；

（3）热处理（调质）达 38～40HRC；

（4）磨削镶块六个面。

四、电极与镶块的装夹与定位

（1）用 M8 的螺钉固定电极，并装夹在主轴头的夹具上。然后用千分表（或百分表）以电极上端面和侧面为基准，校正电极与工件表面的垂直度，并使其 X、Y 轴与工作台 X、Y 移动方向一致。

（2）镶块一般用平口钳夹紧，并校正其 X、Y 轴，使其与工作台 X、Y 移动方向一致。

（3）定位，即保证电极与镶块的中心线完全重合。用数控电火花成型机床加工时，可利用机床自动找中心功能准确定位。

五、电火花加工工艺参数确定

所选用的电规准和平动量及其转换过程见表 14–2。

表 14-2 电规准转换与平动量分配

序号	脉冲宽度/μs	脉冲电流幅值/A	平均加工电流/A	表面粗糙度 $Ra/\mu m$	单边平动量/mm	端面进给量/mm	备 注
1	350	30	14	10	0	19.90	
2	210	18	8	7	0.1	0.12	1. 型腔深度为20mm，考虑1%损耗，端面总进给量为20.2mm
3	130	12	6	5	0.17	0.07	
4	70	9	4	3	0.21	0.05	2. 型腔加工表面粗糙度 Ra 为0.6μm
5	20	6	2	2	0.23	0.03	3. 用 Z 轴数控电火花成型机床加工
6	6	3	1.5	1.3	0.245	0.02	
7	2	1	0.5	0.6	0.25	0.01	

任务三 电极设计和模具加工实训

毛坯为 50mm×50mm×20mm，运用电火花成型机床加工如图 14-14 所示模具零件，工件材料为 45 钢。

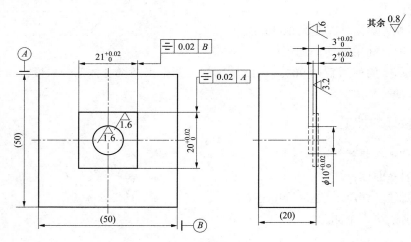

图 14-14 模具零件图

测评标准见表 14-3。

表 14-3 加 工 实 训 评 分 表

考核内容	评 分 项 目	配分	评分标准	扣分记录及备注	得分
加工前的准备工作	1. 电极装夹 2. 电极的校正定位	5 5			
工件的定位与夹紧	1. 工件定位合理 2. 工件正确装夹	6 4			
加工工艺与加工规准	1. 正确制定加工工艺 2. 确定正确的加工规准	5 10			

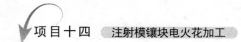

续表

考核内容	评 分 项 目	配分	评分标准	扣分记录及备注	得分
机床操作	1. 开机顺序正确 2. 控制柜面板按钮操作正确 4. 电极与工件相对位置的校正 5. 在机床上选择正确的工艺参数 6. 合理调整工作液流量	3 2 3 5 2			
工件的尺寸	1. $10^{+0.02}_{0}$ mm	5	超差 0.01mm 扣 2 分		
	2. $21^{+0.02}_{0}$ mm	10	超差 0.01mm 扣 2 分		
	3. $20^{+0.02}_{0}$ mm	10	超差 0.01mm 扣 2 分		
	4. $3^{+0.02}_{0}$ mm	5	超差 0.01mm 扣 2 分		
	5. $2^{+0.02}_{0}$ mm	5	超差 0.01mm 扣 2 分		
工件的表面质量	Ra1.6μm	5			
加工后的工作	1. 加工后应清理机床 2. 填写记录	3 2			
安全文明生产	整个操作过程应安全文明	5			
额定时间	180min		每超时 1min 扣 1 分		
开始时间		结束时间		实际时间	成绩

项目十五

电火花加工综合实训

任务一 内六角套筒加工

应用电火花成型机床加工如图 15-1 所示内六角套筒，材料为 45 钢。

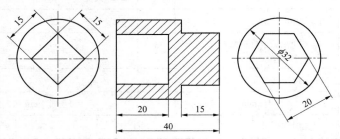

图 15-1 内六角套筒工件图

1. 工艺分析

内六角套筒的电火花加工属于盲孔加工，加工过程中，由于存在电蚀物排出和工作介质产生的气体排出问题，因此应当采取更改电规准和增加抬刀次数方法加以解决，若电极尺寸较大时，可在电极上加工出通气孔或通油孔来解决。再者，因加工的内六角套筒尺寸变化不大，不需要考虑加工面积变化对电加工影响，所以选择单电极平动方法加工。

单电极平动法实现了一次装夹，避免了多次更换电极带来的重复定位问题，在电规准制定上，应选择电极损耗小的规准，同时为了能获得较好的工件侧面，主轴电极平动的方法对内六角套筒内壁侧面进行修光。

放电加工前，一定要注意内六角套筒工件的中心定位问题。若中心定位不准，将会出现内六角套筒壁厚不均匀的情况。工件装夹的中心定位靠三爪卡盘保证，工具电极与工件的中心定位靠接触感知。

2. 工具电极的设计与制作

根据加工要求，工具电极的水平形状为正六边形，内接圆直径为 $\phi20mm$，高度尺寸为 40mm。工具电极材料为紫铜。由于套筒内六角需要松配合，因此应适当加大平动或加大电极尺寸，工具电极制作可利用电火花线切割直接切割出工具电极。

3. 工具电极的装夹与找正

由于工具电极为六边形，直接装夹存在问题，因此，一般在工具电极的端面中心位置上钻孔攻丝，加装一个螺钉作为吊杆，将制作好的工具电极固定在钻夹头上，再与主轴连接。

4. 内六角套筒工件的装夹与定位

因为内六角套筒工件为圆柱体，所以采用三爪卡盘进行装夹和中心定位，三爪卡盘则吸附在磁性吸盘上。

5. 选择电参数和平动量

电参数的选择见表 15-1，可在所示参数表（铜打钢——最小损耗参数）中，选择一个适合的参数条件号（可用 108 或 109）。平动方式选择方形有伺服平动，平动量设置在单边 0.1mm 左右。

表 15-1　　　　　　　　　　　加工参数表（铜打钢——最小损耗参数）

条件号	面积/cm²	安全间隙/mm	放电间隙/mm	加工速度/(mm³/min)	损耗/%	侧面 Ra	底面 Ra	极性	高压管数	管数	脉冲间隙/μs	脉冲宽度/μs	伺服基准/V	伺服速度	极限值 脉冲间隙	极限值 伺服基准
100		0.010	0.005					−	0	3	2	2	85	8		
101		0.040	0.025			0.56	0.70	+	0	2	6	8	80	8		
103		0.060	0.045			0.8	1.00	+	0	3	7	11	80	8		
104		0.080	0.050			1.2	1.50	+	0	4	8	12	80	8		
105		0.110	0.065			1.5	1.90	+	0	5	9	13	75	8		
106		0.120	0.070	1.2		2.0	2.60	+	0	6	10	14	75	10	5	55
107		0.190	0.150	3.0		3.04	3.80	+	0	7	12	16	75	10	4	55
108	1	0.280	0.190	10.0	0.10	3.92	5.00	+	0	8	13	17	75	10	4	55
109	2	0.400	0.250	15.0	0.05	5.44	6.80	+	0	9	15	18	70	12	6	52
110	3	0.580	0.320	22.0	0.05	6.32	7.90	+	0	10	16	19	70	12	7	52
111	4	0.700	0.370	43.0	0.05	6.80	8.50	+	0	11	16	20	65	12	7	48
112	6	0.830	0.470	70.0	0.05	9.68	12.1	+	0	12	16	21	65	15	8	48
113	8	1.220	0.600	90.0	0.05	10.2	14.0	+	0	13	16	24	65	15	11	50
114	12	1.550	0.830	110.0	0.05	12.4	15.5	+	0	14	16	25	58	15	12	50
115	20	1.650	0.890	205.0	0.05	13.4	16.7	+	0	15	17	26	58	15	13	50

6. 放电加工

任务二　多模孔模仁加工

如图 15-2 所示，模仁上要求加工 84 个型孔，型孔呈有规律的矩形排列。

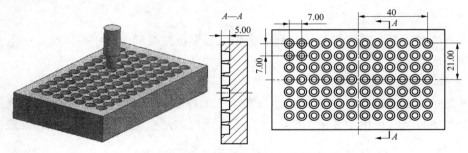

图 15-2　多型孔模仁加工示意图

本例可以巧用子程序的嵌套特性来进行编程，只要用较短的程序就可一次完成所有型孔的加工，发挥了手工编程的优势。

程序如下：

```
G54;
G90;
G17;
T84;
H970=5.0;(machine depth)
H980=1.0;(up-stop position)
G00  Z0+H980;
G00  X40.0  Y21.0;
M98  P0001  L7;
T85;
M02;
;
N0001;
M98  P0002  L12;
G91;
G00  Y-7.0;
G90;
G00  X40;
M99;
;
N0002;
M98  P0003;
G91;
G00  X-7.0;
G90;
```

```
M99;
;
N0003;
G30  Z+;
G108;
G01  Z0.095 -H970;
M05  G00  Z0+H980;
M99;
;
```

操作方法：在 G54 坐标系里，电极与工件进行四面分中；设定深度；执行程序，一次即可完成所有型孔的加工。

任务三　工件套料电火花加工

一、工艺分析

电火花套料加工主要是用于淬硬工件的套孔下料。电火花套孔用紫铜管做工具电极，电极损耗比较小，且加工速度快，生产效率高。工件装夹时，为了下料，应在工件下料处适当悬空。电火花加工为了排屑和排气，常在紫铜管空心部分通入工作液。

另外，加工过程中始终使平动头工作，平动量控制在 0.1mm 以内。

二、电火花套料加工

（1）工件准备。工件尺寸为 100mm×100mm×15mm，材料为 45 钢。工件要求平整，没有毛刺，淬火处理。

（2）工具电极的设计与制作。工具电极采用外径 ϕ12mm，壁厚 2mm 的紫铜管。紫铜管可在车床上精车一刀，要求其平直，没有毛刺。

（3）工具电极的装夹与找正。将紫铜管固定在钻夹头上，再通过钻夹头上部的连接杆与机床主轴的夹具相连接。工具电极的找正可使用精密刀口角尺和百分表来找正。

（4）工件的装夹与定位。工件装夹如图 15-3 所示，采用垫块将工件悬空，一方面可套孔落料，另一方面也为了排屑和排气。

（5）放电加工。

1）按 Alt+F2 进入"加工"屏，输入如下数据：

停止位置=1.000mm　　　加工轴向=Z-

材料组合=铜—钢　　　　工艺选择=标准值

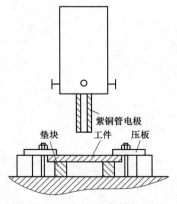

图 15-3　电火花套料加工的工具电极及工件装夹

加工深度=15.000mm　　　　尺寸差=0.100mm

粗糙度=2.000mm　　　　　　平动方式=打开　　　　　型腔数=0

投影面积=0.628cm^2　　　　自由圆形平动　　　　　平动半径　　0.05mm

条件输入完成后按 F1 键，系统将自动生成加工程序，具体程序略。

2）按 Enter 键，实现放电加工；加工完成后关闭工作液泵，排空工作液槽内的工作液，取下工具电极和工件电极，清理机床工作台面。

电加工机床的维护及故障处理

任务一　线切割机床的维护及常见故障处理

一、电火花线切割机床的维护保养方法

线切割机床维护保养的目的是为了保持机床能正常可靠地工作，延长其使用寿命。一般的维护保养方法是：

1. 定期润滑

线切割机床上需定期润滑的部位主要有机床导轨、丝杠螺母、传动齿轮、导轮轴承等，一般用油枪注入。轴承和滚珠丝杠如有保护套，可以经半年或一年后拆开注油。

2. 定期调整

对于丝杠螺母、导轨及电极丝挡块和进电块等，要根据使用时间、间隙大小或沟槽深浅进行调整。部分线切割机床采用锥形开槽式的调节螺母，则需适当地拧紧一些，凭经验和手感确定间隙，保持转动灵活。滚动导轨的调整方法为松开工作台一边的导轨固定螺钉，拧调节螺钉，看百分表的反应，使其紧靠另一边。挡丝块和进电块如使用了很长时间，摩擦出沟痕，需转动或移动一下，以改变接触位置。

3. 定期更换

线切割机床上的导轮、馈电电刷（有的为进电块）、挡丝块及导轮轴承等均为易损件，磨损后应更换。电刷更换较易，螺母拧出后，换上同型号的新电刷即可。挡丝块目前常用硬质合金，只需改变位置，避开已磨损的部位即可。

二、电火花线切割机床常见故障与处理

线切割机床常见故障可以分为机械装置故障、电气装置故障和电子装置故障。具体故障要根据具体实际情况进行判断和处理。线切割机床常见故障判断与处理见表 16-1 和表 16-2，供参考。

表 16-1　　　　　　　　　　　线切割机床常见的故障判断和处理方法

故障	可 能 原 因	处 理 方 法
刚开始切割工件就断丝	1. 进给不稳，开始切入速度太快或电流过大 2. 切割时，工作液没有正常喷出 3. 钼丝在储丝筒上盘绕松紧不一致，造成局部抖丝剧烈	1. 刚开始切入时，速度应稍慢，要根据工件材料的厚薄，逐渐调整速度至合适位置 2. 排除不能正常喷液的原因，检查液泵及管路 3. 尽量绷紧钼丝，消除抖动现象，必要时调整导轮位置，使钼丝入槽内

续表

故障	可 能 原 因	处 理 方 法
刚开始切割工件就断丝	4. 导轮及轴承已磨损或导轮轴向及径向跳动大,造成抖丝剧烈 5. 线架尾部挡丝棒没调整好,挡丝位置不合适造成叠丝 6. 工件表面有毛刺、氧化皮或锐边	4. 如果绷紧钼丝,调整导轮位置效果不明显,则应更换导轮及轴承 5. 检查钼丝在挡丝棒位置是否接触或者靠向里侧 6. 清除工件表面氧化皮和毛刺
在切割过程中突然断丝	1. 储丝筒换向时断丝,没有切断高频电源时换向,致使用钼丝烧断 2. 工件材料热处理不均匀,造成工件变形,夹断钼丝 3. 电加工参数选择不当 4. 工作液使用不当,脏或浓度稀,以及工作液流量小或有堵塞 5. 导电块或挡丝棒与钼丝接触不好,或已被钼丝割成凹痕,造成卡丝 6. 钼丝质量不好或已霉变发脆	1. 检查处理储丝筒换向不切断高频电源的故障 2. 工件材料要求材质均匀,并经适当热处理,使切割时不易变形,提高加工效率,保证钼丝不断 3. 合理选择电加工参数 4. 合理配制工作液,经常保持工作液的清洁,检查油路是否畅通 5. 调整导电块或挡丝棒的位置,必要时可更换导电块或挡丝棒 6. 更换钼丝、切割较厚工件使用较粗钼丝加工
断丝	1. 导轮不转或转动不灵,钼丝与导轮造成滑动摩擦而拉断钼丝 2. 在工件接近切完时断丝,是工件材料变形将电极丝夹断,并在断丝前会出现短路 3. 工件切割完时跌落撞断电极丝 4. 空运转时断丝	1. 重新调整导轮,紧丝时,要用张紧轮绷丝,不可用不恰当的工具;电极丝受伤也会引起断丝 2. 加工时选择正常的切割材料和切割路线,从而最大限度地减小变形 3. 一般在快切割完时用磁铁吸住工件,防止撞断电极丝 4. 检查电极丝是否在导轮和挡丝棒内,电极丝排列有无叠丝现象,检查储丝筒转动是否灵活,检查导电块和挡丝棒是否已割出沟痕等
加工工件精度差	1. 线架导轮径向跳动或轴向窜动较大 2. 齿轮啮合存在间隙 3. 步进电机静态力矩太小,造成失步 4. 加工工件因材料处理不当造成变形误差 5. 十字工作台垂直度不好	1. 检查测量导轮跳动及窜动误差,允差轴向0.005mm,径向0.002mm,如不符合要求,需调整或更换导轮及轴承 2. 调整步进电机位置,消除齿轮啮合间隙 3. 检查步进电机及24V驱动电压是否正常 4. 选择好加工工件材料及热处理加工工艺 5. 重新调整十字工作台
加工工件表面粗糙度大	1. 导轮窜动大或钼丝上下导轮不对中 2. 喷水嘴中有切削物嵌入造成堵塞 3. 工作台及储丝筒的丝杆轴向间隙未消除 4. 储丝筒跳动超差,造成局部抖丝 5. 电规准选择不当 6. 高频与高频电源的实际切割能力不相适应 7. 工作液选择不当或者太脏 8. 钼丝张紧不均匀或者太松	1. 需要重新调整导轮,消除窜动并使钼丝处于上下导轮槽中间位置 2. 应及时清理切削物 3. 应重新调整 4. 检查跳动误差径向允差0.002mm 5. 重新选择电规准 6. 重新选择高频电源开关数量 7. 更换工作液 8. 重新调整钼丝松紧

表 16-2   **线切割机床电气故障与处理方法**

故障	可 能 原 因	处 理 方 法
机床不能启动	1. 三相电源缺相 2. 三相电源电压值过低	1. 检查电源进线及三相电源电压幅值 2. 检查电源电压幅值应在+10%~-15%
走丝电不运转	1. 走丝电机控制接触器不吸合 2. 走丝电机控制电路故障 3. 走丝电机故障	1. 检查接触器KA、KM2、KM3是否吸合,是否控制电压,如有电压不吸合则需更换接触器或者更换接触器线圈 2. 检查急停按钮是否按下,恢复按下应有控制电压,KA接触器常开触点自锁,行程开关SQ1和SQ2触点控制运丝电机正、反转向,检测触点及闭合状态 3. 检查三相电场通过接触器通入电机,检查电机绕组是否有短路、断路点,若无,则检查电机绝缘、相间绝缘和对地绝缘小于规定值时更换电机;若有,则进行处理,进行绝缘测量后,再通电试运行。对地绝缘应≥0.5~1MΩ

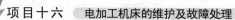

续表

故 障	可 能 原 因	处 理 方 法
走丝电机异常	1. 走丝电机突然停机，可能三相电压波动太大或电压太低 2. 走丝电机没有刹车，可能保险器熔断或二极管被击穿 3. 断丝保护不起作用，可能使用时间过长 4. 导电块过脏，造成导电块与机床绝缘被破坏 5. 模式开关在关状态机床不能启动，可能是接触不良或断丝保护开关电路发生故障	1. 检查进线电压幅值及波动情况，应在正常范围内，否则应改善电源质量 2. 检查 FU 保险器是否熔断，若熔断则要检查刹车二极管是否击穿，若击穿，则更换后再更换保险器 3. 检查导电块并清洗干净，检验断丝保护作用，取下下导电块上面的导线；启动机床，若启动则证明断丝保护不起作用 4. 检查清洗导电块及检查电路 5. 检查上下导电块与钼丝之间的接触是否良好，导电块的引出线是否松开，与电器箱连线是断开，否则调换断丝保护及总停控制板
水泵电机不工作	1. 水泵电机接触器不吸合 2. 水泵电机可能损坏	1. 检查接触器 KM1 是否吸合，检查 KM1 线圈两端是否无电压，否则更换接触器 2. 检查电动机是否无三相电压，否则检查电动机，若电动机烧坏则更换
无高频	1. 电源指示灯不亮，可能电源保险断或者整流滤波电路故障 2. 有高频指示电压，无高频输出，可能是高频功放输出和高频控制开关故障 3. 功放开关在某挡无电流	1. 检查进线插头接触是否良好，熔丝是否烧断；如果保险熔断，需要检查整流滤波电路和全桥整流器，检查滤波电解电容器是否有击穿损坏 2. 检查高频功放管驱动电路、功放管是否烧坏，可更换；检查高频控制继电器接触是否良好，线圈及触点是否烧坏；检查振荡电路有无脉冲信号，检查高频输出电路、电流表是否有开路损坏，模拟/数字转换开关是否损坏等 3. 检查该挡功放电路的功放管，检查电路中二极管稳压管是否损坏，可更换
高频不正常	1. 功放开关在某挡电流过大 2. 加工电流异常增大	1. 功放开关在某挡电流过大，其他各部分正常，则振荡电路工作正常，只是该挡存在问题，检查方法同上面"无高频"故障的第 2 项 2. 检查功放管是否损坏，可更换；检查振荡电路，脉冲信号占空比是否变大；检查安装在高频电源输出端的反向二极管是否击穿，若击穿则更换
功放管损坏	1. 功放管本身质量差 2. 定流检测电路有故障，功放管过流损坏 3. 保护功放管的释放二极管损坏，击穿功放管 4. 机床长期高速重载工作，使功放管过载烧坏	1. 检查电路是否正常，若正常则说明功放管耐压差，应重新选购 2. 检查电路是否存在故障，若有故障则是由于过流击穿功放管，应处理电路故障后换功放管 3. 检查功放电路释放二极管是否击穿损坏，可更换 4. 机床长期重载工作要开启轴流风机，通风散热，开启柜门散热，以防功放管过热烧坏
有高频，无进给	1. 高频取样断或者正、负极接错 2. 变频调节电位器不当或接触不良 3. 变频电路故障	1. 检查高频取样电路有无断线开路，检查正负极性是否正确 2. 检查变频调节电位器 W 是否在最小位置，可调大，检查有无接触不良故障 3. 检查变频电路元器件如三极管、电容器、集成块锁相环 4046 是否良好，用示波器检测压控振荡脉冲、输入和输出情况以及光电耦合器的输出状态，损坏可更换（WX-A 型采用）
关机后，加工程序丢失	1. 主机板上 3.6V 电池供电不正常 2. 存放程序的集成块有故障 3. 干扰屏蔽处理不良，造成程序紊乱或丢失	1. 检查主机板上 3.6V 电池电压是否正常，线路是否正常，有无断路、短路、断线现象，并进行处理 2. 检查集成块 EPRAM 或 RAM 有无外观损坏，还要根据丢失程序情况判断集成块、RAM 存放加工图形程序和 EPRAM 存放控制程序是否存在问题 3. 检查防干扰措施，加强屏蔽处理，如屏蔽线是否完好，接地是否良好，可增加防干扰措施，采用电容器滤波技术

续表

故障	可　能　原　因	处　理　方　法
按复位键显示不正常	按单板机"复位"键，显示器不出现"一"或显示不正常	应检查单板机供电电源+5V，常设计进行两级稳压，先断开负载，检查主端稳压器的输出，再逐级向电源线检查，包括滤波、整流等电路
步进电机失步	1. 控制器输出不正常，环形分配器指示灯有一盏常亮或不亮 2. 步进电机一轴不转动或来回颤动，可能是缺相	1. 检查单板机控制的该相输出电压和输入电压。如果输入正常，输出不正常，则更换功放管；如果输入电压不正常，则检查单板机驱动电路 2. 检查控制步进电机的输入是否有缺相，再查功放电路是否击穿功放管
步进电机锁不住	1. +24V 步进电机驱动电源没有或者偏低 2. 步进电动机连线断或驱动电阻烧坏 3. 面板上环形分配指示异常，可能功放管损坏或接口电路有故障 4. 由机械和电气故障引起	1. 检查+24V 驱动电源是否供电正常；检查电源输入到变压器、保险、变压整流、滤波电路是否正常，否则更换器件；若供电正常则检查输出端子、连线有无松脱、断线开路等 2. 检查步进电机连线及接插件是否连接可靠；检查驱动电阻，如果烧坏则更换 3. 检查环形分配器指示灯，应不停地轮回跳动；检查功放管是否损坏；检查接口电路上拉电阻，反相驱动器有无烧坏，如烧坏则更换 4. 检查机械连接驱动部件定子和转子齿情况；检查电机绕组线圈是否良好
步进电机工作不正常	1. +24V 驱动电源电压不足 2. 接插件或连线接触不良、缺相等 3. 有驱动电源，步进电机不锁	1. 检查驱动电源幅值，检查整流桥路是否损坏，检查滤波电容是否损坏，否则更换 2. 检查驱动电源与步进电机的连接是否可靠，若有接触不良和缺相则处理 3. 检查滤波电容是否良好，检查供电压幅值是否低于下限值，否则检查步进电机连线、绕组及绝缘情况，损坏则更换
开机正常，按待命上挡键无响应	1. 供电电压低于下限极限电压 2. 按键失效或键盘与主机断线	1. 检查供电电压是否低于 150V，如电压低则需加交流稳压电源 2. 检查键盘与主机电路板的插头座及连线是否牢固
指令输入冲数	1. 交流电源强干扰 2. 输入/输出通道干扰	1. 检查机床电路进线电源零线、地线情况，可加电感电容滤波以防电磁干扰 2. 检查计算机输入输出连线是否有屏蔽，若无，则应加上；老型号机型应采用隔离元件替换如采用隔离变压器、光电耦合器等进行交、直流隔离

任务二　电火花成型机床的维护及常见故障处理

一、电火花成型机床的维护方法

（1）每次加工完毕后以及每天下班时，应将工作液槽的煤油放回储油箱，将工作台面擦抹干净。

（2）经常检查润滑油是否充足，管路有无堵塞。并定期对需润滑的摩擦表面加注润滑油，防止灰尘和煤油等进入丝杠、螺母和导轨等摩擦表面。

（3）工作液过滤器在过滤阻力增大（压力增大）或过滤效果变差时，应及时更换。

（4）定期擦拭机床的外表，如操作面板、系统显示器。定期检查电器柜以及电器柜进出线处是否有粉尘，有则擦之。定期检查电器柜内强电盘、伺服单元、主轴单元是否有浮尘，有则在断电的情况下用毛刷或吸尘器清除。定期检查主轴风扇是否旋转，是否有杂物，有则清除，以免影响主轴运转。定期检查检查强电盘上的继电器工作是否正常，放电电容、放电电阻是否正常，必要时更换。

（5）避免脉冲电源中的元器件受潮，在南方梅雨时节，较长时间不用时，应定期开机加热。夏天高温季节要防止变压器、限流电阻、大功率晶体管过热，为此要加强通风散热，并防止通风口过滤网被堵塞，要定期检查和清扫过滤网。

（6）有的油泵电动机或有些电动机是立式安装工作的，电动机冷却风扇的进风口朝上，极易落入螺钉、螺帽或其他细小杂物，造成电动机卡壳憋死甚至损坏。因此要在此类立式安装电动机的进风端盖上加装网孔细小的罩予以保护。

（7）经常保持机床电气设备清洁，防止受潮，以免降低绝缘强度而影响机床的正常工作。

（8）根据煤油的混浊程度，要及时更换过滤介质，并保持油路畅通。添加煤油时，不得混入类似汽油之类的易燃液体，以防止火花引起火灾。油箱要有足够的循环油量，使油温限制在安全范围内。

二、电火花成型机床常见故障处理

在进行电火花加工时，有可能会碰到多种不同的问题，下面就一些常见的问题进行介绍，并讲述其处理办法。

（1）电火花成型机床无法开机及动作。该故障的可能原因及处理措施见表 16-3。

表 16-3　　　　　　　　故障原因及处理措施

序号	可 能 原 因	处 理 措 施
1	电火花成型机床总电源无输入	输入当地三相电源
2	电源插头没插好	将电源插头插妥
3	无熔丝开关跳脱	将无熔丝开关板回 ON 位置
4	系统程式故障	重新安装系统程式

（2）电火花成型机床可以开机，键盘可操作但三轴无法移动。该故障的可能原因及处理措施见表 16-4。

表 16-4　　　　　　　　故障原因及处理措施

序号	可 能 原 因	处 理 措 施
1	紧急开关故障	紧急信号无法解除，更换紧急开关
2	第二道极限保护开关跳脱	关闭电源，用手将轴转离第二道极限保护开关，压回 3A 保护开关

（3）电火花成型机床键盘无法操作。该故障的可能原因及处理措施见表 16-5。

表 16-5　　　　　　　　　　　　故障原因及处理措施

序号	可 能 原 因	处 理 措 施
1	键盘线接触不良或脱落	重新插好键盘线
2	键盘电路板 EKB01 故障	更换键盘 EKB01 电路板
3	电脑程式不完整	重新复制系统程式

（4）电火花成型机床三轴移位至各轴极限时会经常碰到第二道极限开关使三轴无法动作。可能原因：第一、二道极限开关相隔距离太近；处理措施：将第一道极限开关与第二道极限开关距离拉开。

（5）电火花成型机床三轴移动时有急冲现象。该故障的可能原因及处理措施见表 16-6。

表 16-6　　　　　　　　　　　　故障原因及处理措施

序号	可 能 原 因	处 理 措 施
1	伺服板 ESV01 故障	更换 ESV01 伺服板
2	伺服电动机之信号回授线接触不良或脱落	重接信号回授线
3	伺服电动机故障	更换伺服电动机
4	解码板故障	更换解码板

（6）电火花成型机床寻边或寻中心动作中断，出现伺服停止信息。可能原因：电极或工件表面不干净；处理措施：清洁电极或工作表面。

（7）电火花成型机床开机后防火警报一直响，无论是否在侦测状态下。该故障的可能原因及处理措施见表 16-7。

表 16-7　　　　　　　　　　　　故障原因及处理措施

序号	可 能 原 因	处 理 措 施
1	灭火器下方黑盒子内的开关接点开路	调整黑盒子的角度使开关接点短路
2	红外线侦测器故障	更换红外线侦测器
3	外在环境光线反射	避开反射光线

（8）电火花成型机床开机后，碰边警报一直响，电极与工件并无接触。该故障的可能原因及处理措施见表 16-8。

表 16-8　　　　　　　　　　　　故障原因及处理措施

序号	可 能 原 因	处 理 措 施
1	电极夹头绝缘片破裂或脏污	更换绝缘片或清洁夹头
2	正负切换继电器动作不确实或灰尘沾染	更换或清洁继电器
3	DC24V3A 保护开关跳脱	按回保护开关

（9）电火花成型机床放电退刀。该故障的可能原因及处理措施见表16-9。

表 16-9　　　　　　　　　　　　　　故障原因及处理措施

序号	可　能　原　因	处　理　措　施
1	正负切换继电器动作不确实或灰尘沾染	更换或清洁继电器
2	EPG01 信号板故障	更换 EPG01 信号板
3	晶体板信号线接触不良或脱落	重接信号线
4	电极夹头绝缘片破裂或脏污	更换绝缘片或清洁夹头

（10）电火花成型机床门板缝漏油太多。可能原因：海绵条安装不良或老化；处理措施：重新安装海绵条或更换。

（11）电火花成型机床进油时电磁开关有杂音。可能原因：电磁开关内部沾染铁屑或故障；处理措施：拆开电磁开关，清除内部铁屑或换新。

（12）电火花成型机床放电电流不正确。该故障的可能原因及处理措施见表16-10。

表 16-10　　　　　　　　　　　　　　故障原因及处理措施

序号	可　能　原　因	处　理　措　施
1	功放板上继电器故障	更换继电器
2	EIB 逻辑板故障	更换 EIB 逻辑板

（13）电脑画面出现数据丢失。出现这种问题大多数情况是由于电网电压波动时关机引起的，出现这种情况时，需重新设置有关参数。

（14）机头上下不动。对于这种问题有可能是熔断丝被烧坏或者机头被卡住，解决的办法是首先检查电柜左侧下部的熔断丝是否被烧坏，然后再检查一下机头是否被卡住。

（15）机头走到上限位不下来。当机头走到上限位不下来时，主要是由于防积炭灵敏度变大引起的，只要关机重新启动即可。

项目十七

线切割机床操作工考核

任务一　线切割机床操作工实操考核一（中级）

任务：用线切割机床加工如图 17-1 所示样板零件，毛坯材料为 45 钢。

如图 17-1 所示，建立工件坐标系，图中虚线为毛坯大小，A 为穿丝孔，以穿丝孔中心为切割起点。切割路径为顺时针方向。用 G 代码编程，钼丝直径为 0.18mm。程序如下：

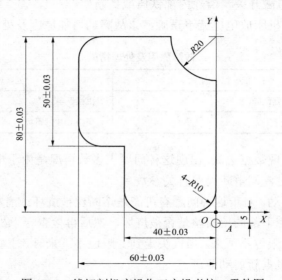

图 17-1　线切割机床操作工实操考核一零件图

```
N10  G90  G92  X0  Y-5.;
N20  G41  H1;
N30  G01  X0  Y0;
N40  X-30.  Y0;
N50  G02  X-40.  Y30.  J0;
N60  G01  X-40.  Y30.;
N70  G01  X-50.  Y30.;
N80  G02  X-60.  Y40.  J0;
N90  G01  X-60.  Y70.;
N100 G02  X-50.  Y70.  I10.;
N110 G01  X-20.  Y80.;
```

```
N120  G03  X0  Y60. I20.;
N130  G01  X0  Y10.;
N140  G02  X-10. Y0  I-10.;
N150  G01  X0  Y0;
N160  G40  G01  X0  Y-5.;
N170  M02;
```

任务二　线切割机床操作工实操考核二（中级）

任务：样板零件如图 17-2 所示，用线切割机床加工该零件。

加工起点为 A 点，偏移量取 0.06，使用 3B 代码编程，程序如下：

```
B  B  B10000  GY  L2;
B  B  B40125  GY  L1;
B1 B9 B90102  GY  L1;
B30074 B40032 B60148  GY  NRl;
B1 B9 B90102  GY  L4;
B  B  B10000  GY  L4;
```

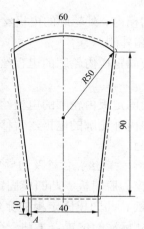

图 17-2　线切割机床操作工实操考核二零件图

任务三　线切割机床操作工实操考核三（高级）

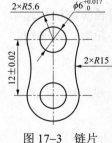

图 17-3　链片

任务：切割如图 17-3 所示链片的冲孔落料复合模零件。链片材料为 Q235，厚度 t=1.2mm，电极丝直径 d=0.18mm。单边放电间隙 δ=0.01mm。

1. 工艺分析

冲孔落料复合模可同时完成冲件内、外轮廓成形，是一种高效率的冲压模具。线切割加工的零件包括凹模、凸凹模、凸凹模固定板、小凸模固定板、脱料板、推块；为减小切割变形，保证加工质量，凸凹模、推块的外轮廓切割也应有相应的穿丝孔；为保证凸凹模及推块的内、外轮廓间位置精度，凸凹模及推块的内、外轮廓应在一次装夹中切割完成，切割顺序为先内轮廓，后外轮廓。

（1）各零件尺寸确定。

1）凹模的内轮廓尺寸决定产品的外轮廓尺寸，凹、凸模之间的工作间隙主要与冲件的厚度 t 有关，单边配合间隙 Δ =5%×t。

2）脱料板的内轮廓尺寸与凹模一致，可以与凹模叠加在一起切割。

3）凹模的外轮廓尺寸为：凹模尺寸−2Δ。

4）凹模的内轮廓尺寸为：工件的内孔尺寸+2Δ。

5）凸凹模固定板的内轮廓尺寸与凸凹模的外轮廓尺寸一致，两者紧配。

6）小凸模为圆形，可直接购买相应规格的冲针。

7）小凸模固定板的内轮廓尺寸与小凸模紧配。

8）推块的形状与凸模相似，外轮廓尺寸与凹模间隙配合（配合间隙 0.02mm），内孔轮廓尺寸与小凸模间隙配合（配合间隙 0.02mm）。

（2）切割偏移量及偏移方向确定。

1）凹模、脱料板内轮廓的电极丝偏移量为：$f=d/2+\delta=0.18/2+0.01=0.10mm$；偏移方向为轮廓线内侧。

2）凸凹模内、外轮廓的电极丝偏移量为：$f-\Delta=0.1-1.2\times5\%=0.04mm$；偏移方向分别为轮廓线内侧和外侧。

3）凹模固定板内轮廓的电极丝偏移量为：$f+\Delta=0.1+1.2\times5\%=0.16mm$；偏移方向为轮廓线内侧。

4）凸模固定板内轮廓的电极丝偏移量为：$f=0.10mm$；偏移方向为轮廓线内侧。

5）推块内外轮廓的电极丝偏移量为：$f-0.02=0.1-0.02=0.08mm$；偏移方向分别为轮廓线内侧和外侧。

2. 确定零件穿丝孔位置及切割轨迹

（1）凹模、脱料板、凸凹模固定板的穿丝孔位置及切割轨迹。为缩短引线切割轨迹，凹模、脱料板、凸凹模固定板的穿丝孔位置选择轮廓线内侧靠近轮廓拐角处。如图 17-4 所示，在尺寸标注的位置点 1 钻一个直径为 $\phi8$mm 的穿丝孔；以穿丝孔的中心点 1 作为程序切割起始点，点 2 作为轮廓切割起始点，沿顺时针方向切割。

（2）凸凹模、推块的穿丝孔位置及切割轨迹。如图 17-5 所示，在尺寸标注位置点 1、2、3 处钻 3 个 $\phi3$mm 的穿丝孔。其中，孔 1、2 为凸凹模、推块内轮廓（圆）的穿丝孔，孔 3 为凸凹模、推块外轮廓切割的穿丝孔。穿丝孔 1 的中心作为凸凹模、推块内轮廓之一的程序切割起始点，点 1′ 为内轮廓的切割起始点，沿顺时针方向切割，切割后回到中心点 1；点 2 作为凸凹模、推块另一内轮廓的程序切割起始点，点 2′ 为另一内轮廓的切割起始点，沿顺时针方向切割，切割后回到中心点 2；点 3 作为凸凹模、推块外轮廓的程序切割起始点，点 3′ 为外轮廓的切割起始点，沿顺时针方向切割。

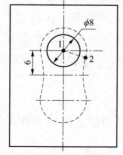

图 17-4　凹模、脱料板、凸凹模
固定板的穿丝孔位置

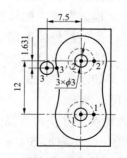

图 17-5　凸模、推块的穿丝孔位置

3. 加工程序

4. 零件装夹与找正

各零件均采用桥式支撑的装夹方式。找正凹模、脱料板、凸凹模固定板时采用划针拉线方法使其中长边与 Y 轴基本平行，凹模、脱料板叠装在一起切割。找正凸凹模及推块零件毛坯时采用划针拉线方法使穿丝孔 1、2 的中心连线与 Y 轴基本平行。

5. 电极丝位置找正

切割凹模、脱料板、凸凹模固定板时，用目测法或火花法使电极丝基本处于 $\phi 8mm$ 穿丝孔的中心即可。切割凸凹模及推块时，用目测法或火花法使电极丝处于穿丝孔 1 的中心，作为切割基准，其他轮廓的切割位置都以此点为基准。

6. 切割加工

切件切割顺序：推块→小冲孔冲头固定板→凸凹模→凸凹模固定板→凹模、脱料板。

切割凸凹模、推块时采用跳步加工方法，依次完成 2 个内孔轮廓和 1 个外轮廓的切割。执行跳步程序时，把自动/模拟开关置于模拟位置。

7. 测量

用游标卡尺对零件相关尺寸进行测量。凹模切割完成之后，应在拆下之前与相关配合零件进行间隙检验，若间隙过小，可对凹模进行再次切割。

任务四　线切割机床操作工实操考核四（高级）

任务：垫片的线切割加工。图 17-6 所示为垫片零件图，其材料为铝箔。该零件的主要尺寸：外形尺寸为长 13.8mm，宽 6.8mm，厚 0.25mm，四边倒角尺寸为 1.5×45°；内腔尺寸为长 7.4mm，宽 1.5mm；窄条的尺寸为长 2.6mm，宽 0.3mm；其根部中心线到零件的中心线距离为 1.75mm；所有的尺寸为自由公差。

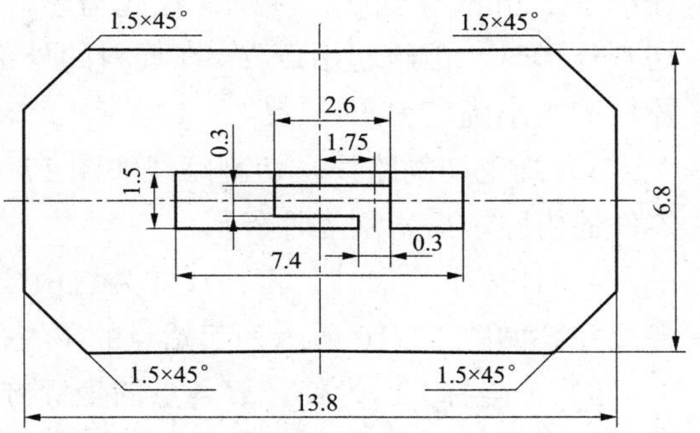

1. 工艺过程的制定

根据零件形状和尺寸要求，采用线切割加工该垫片。用剪刀在铝箔板上下料，之后在线切割机床上加工。

图 17-6　垫片零件图

2. 线切割加工工艺分析

垫片材料比较软而且薄，放在线切割工作台上，将产生自然弯曲。若采用压板组件压紧，铝箔有可能发生皱褶。为了防止装夹和加工过程中发生变形，保证铝箔平整，需要采用如图 17-7 所示的固定方式，用两个 3mm 厚的铁板和 4 个螺钉把铝箔固定在中间。在铁板之间放置铝箔时，必须保证铝箔平整，不发生起皱，所放铝箔的厚度不要太厚，最好控制在 10mm 以内。如果铝箔的厚度太厚，拧紧螺钉时，铁板易变形，在即将加工完毕时，铁板将发生翘曲，影响加工的顺利进行。零件的内腔尺寸小，所钻穿丝孔的直径小，当厚

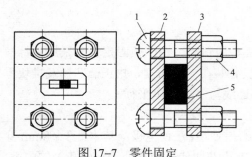

图 17-7 零件固定

1—螺钉；2、3—铁板；4—螺母；5—铝箔

辅具：十字螺钉、铁板、螺母；

量具：卡尺（测量范围 0~125mm、分度值 0.02mm）、电极丝垂直校直仪或找正块。

度大时，一方面受到钻头的强度限制，另一方面所钻穿丝孔无法保证与工件的垂直度，加工完后，部分零件上会出现所钻穿丝孔的痕迹。

3．主要工艺装备

（1）线切割机床和电极丝选择。

机床：数控快走丝电火花线切割机床；

电极丝：直径 $\phi 0.18mm$ 的钼丝。

（2）夹具及量具。

夹具：采用两端支撑压紧的方式；

4．线切割加工步骤

（1）线切割加工工艺处理及计算。

1）工件装夹与校正。工件装夹方式如图 17-8 所示，采用两端支撑压紧的方式，根据坯料的大小，用目测的方法校正工件，保证能够完整地加工出零件。

2）选择钼丝起始位置和切入点。钼丝起始点的位置如图 17-9 所示，切割内腔时钼丝起始位置在 P_1 点，P_1 点偏离坯料中心一定距离，在此位置上预钻直径小于 1.2mm 穿丝孔，注意穿丝孔与坯料的垂直度。切割外形时，钼丝起始点 P_2 在坯料的外部，可根据坯料的大小确定 P_2 的位置。

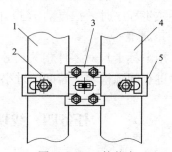

图 17-8 工件装夹

1、4—工件台支撑板；2、5—压板组件；
3—坯料组件

3）确定切割路线。切割路线如图 17-9 所示，箭头所指方向为切割路线方向。先切割零件的内腔，后切割零件外形。

4）计算平均尺寸。零件尺寸为自由公差，线切割加工平均尺寸按照如图 17-6 所示零件尺寸，如图 17-10 所示为起始点的位置尺寸。

5）定坐标系。为使计算各点的坐标方便，选择零件的中心位置为原点建立坐标系，如图 17-10 所示。

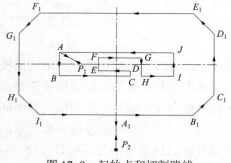

图 17-9 起始点和切割路线

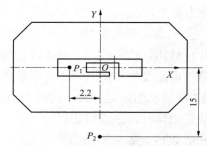

图 17-10 坐标系及起始点

6）定钼丝偏移量。选择的钼丝直径为 $\phi 0.18$mm，单边放电间隙取 0.01mm，钼丝中心偏移量 $f = d_{钼丝} + S = 0.18/2 + 0.01 = 0.1$mm。

（2）加工程序编制。

1）计算钼丝中心轨迹及各节点的坐标。钼丝中心轨迹如图 17-11 中的双点画线所示，相对于零件平均尺寸偏移一垂直距离 f。通过几何计算或 CAD 查询可得到各节点的坐标。

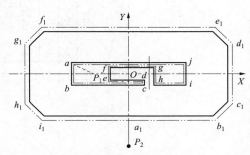

图 17-11　钼丝中心轨迹

2）编写加工程序单。采用 3B 或 ISO 代码编程。

（3）零件加工。

1）钼丝起始值的确定。调整工作台使坯料组件上内腔穿丝孔与丝架对正后穿钼丝，穿丝完成后进行钼丝垂直的校正。根据所钻孔的大小，可采用目测或自动找中心的方法确定钼丝的起始点 P_1 位置，保证能够把 7.4mm×1.5mm 的内腔完整地加工出来即可。切割完内腔后电极丝又回到 P_1 点，卸丝，使工作台沿 X−向移动 2.2mm、Y+向移动 15mm，即到达切割外形时的起始点 P_2，再穿丝，校正钼丝垂直后切割外形。

2）电参数选择。电压：75～80V；脉冲宽度：12～20μs；脉冲间隔：4～6μs；加工电流：1.5～2A。

3）工作液的选择。选择 DX−2 油基型乳化液，与水配比为 1:15。

任务五　线切割机床操作工实操考核五（高级）

任务：落料冲孔模的凸凹模线切割加工。

如图 17-12 所示为落料冲孔模的凸凹模零件图。其材料为 Cr12，热处理 54～58HRC。该零件的主要尺寸：直径为 $\phi 119.8^{\ 0}_{-0.025}$ mm，厚度为 40mm，4 个螺钉孔，2 个定位销孔，需要线切割加工的 2 个方孔为 $10.20^{+0.02}_{0}$ mm×$10.20^{+0.02}_{0}$ mm，方孔的上部深 10mm，下部深 30mm，2 个圆孔尺寸为 $\phi 10.20^{+0.02}_{0}$ mm；4 个型孔（2 个方孔和 2 个圆孔）中心所在圆 $\phi 50$mm 的轴线相对于基准 A 的同轴度公差为 $\phi 0.08$mm；圆孔 $\phi 10.2^{+0.02}_{0}$ mm 和方孔 $10.2^{+0.02}_{0}$ mm×$10.2^{+0.02}_{0}$ mm 的表面粗糙度 Ra 为 0.08μm，工件外形表面粗糙度 Ra 为 0.08μm，其余被加工表面的表面粗糙度 Ra 均为 0.32μm。

1. 工艺过程的制定

根据冲孔凹模刃口尺寸精度和表面粗糙度要求，采用线切割加工凹模刃口，落料冲孔凸凹模加工工艺过程见表 17-1。

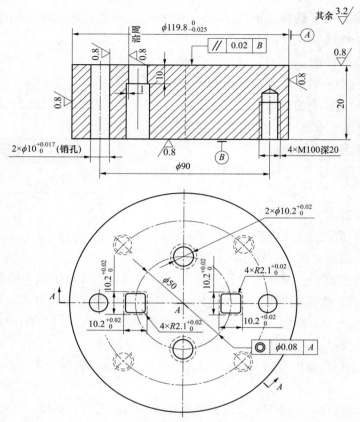

图 17-12 凸凹模零件图

表 17-1　　　　　　　　　　落料冲孔凸凹模加工工艺过程

序号	工　序　名　称	工序主要内容
1	备料	锯床下圆棒料
2	锻造	将圆棒料锻造成φ25mm、厚45mm的圆形坯料
3	热处理	退火
4	粗车外圆及端面	车外圆和上、下端面，外圆和端面留0.3~0.5mm磨削余量
5	钳工划线	划出销钉孔、螺钉孔位置及两个方孔和两个圆孔的穿丝孔位置，在各孔中心钻中心眼
6	孔加工	钻螺钉孔，攻螺纹；钻定位销钉孔，铰孔；钻两个方孔和两个圆孔的穿丝孔
7	铣漏料孔	铣削φ10.2 $^{+0.02}_{0}$ mm和10.2 $^{+0.02}_{0}$ mm×10.2 $^{+0.02}_{0}$ mm漏料孔至尺寸
8	热处理	54~58HRC
9	磨削外圆及端面	磨外圆和上、下平面，保证上、下平面曲平行度要求
10	线切割加工型孔	线切割加工冲孔凹模刃口
	钳工抛光	抛光冲孔凹模刃口
	检验	

2. 冲孔凹模刃口加工主要工艺装备

（1）线切割机床和电极丝选择。

机床：数控快走丝电火花线切割机床；

电极丝：直径$\phi 0.18$mm 的钼丝。

（2）夹具及量具。

夹具：悬臂支撑方式装夹；

辅具：划针、压板组件、扳手、手锤；

量具：千分尺（测量范围 100～120mm、分度值 0.01mm）、游标卡尺（测量范围 0～200mm、分度值 0.02mm）、电极丝垂直校直仪或找正块。

3. 线切割加工步骤

（1）线切割加工工艺处理及计算。

1）工件装夹与校正。工件装夹前，需划出两个销钉孔中心线，装夹方式如图 17-13 所示。把划针安装在上丝架上，摇动手轮控制工作台移动，校正所划的中心线，使中心线平行于工作台的某一个方向。

2）选择钼丝起始位置和切入点。切割方形冲孔凹模刃口时钼丝起始点为方孔的中心位置，即 P_1 和 P_3 点，切入点为 N 和 N_1；切割圆形冲孔凹模刃口时钼丝起始点为圆孔的圆心，即 P_2 和 P_4 点，切入点为 J 和 J_1 点。在热处理前需在相应的位置上钻穿丝孔。

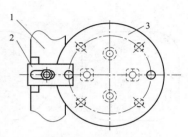

图 17-13　零件装夹
1—工作台支承板；2—压板组件；3—工件

3）确定切割路线。如图 17-14 所示，4 个型孔的切割顺序为：型孔 1→型孔 2→型孔 3→型孔 4。两个方孔分别按 $P_1ABCDEFGHIAP_1$ 和 $P_3A_1B_1C_1D_1E_1F_1G_1E_1F_1G_1H_1I_1A_1P_3$ 的切割路线加工，两个圆孔以逆时针方向分别按 P_2JJP_2 和 $P_4J_1J_1P_4$ 的切割路线加工。

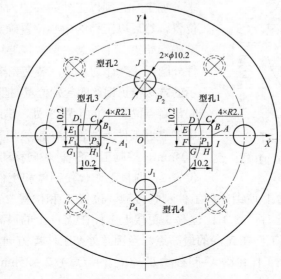

图 17-14　线切割加工工艺

4）计算平均尺寸。平均尺寸如图 17–12 所示。冲孔凹模刃口的高度比较小，快走丝线切割加工的表面粗糙度满足不了图样要求，加工需留抛光量，按零件尺寸的下偏差计算。

5）确定坐标系。选取零件的中心位置为原点建立坐标系，如图 17–14 所示。以此来计算各型孔的相对位置。

6）定钼丝偏移量。选择的钼丝直径为 $\phi0.18mm$，单边放电间隙取 0.01mm，钼丝中心偏移量 $f=d_{钼丝}+S=0.18/2+0.01=0.1mm$。

（2）加工程序编制。

1）确定编程坐标系。选取各型孔的中心位置为原点建立坐标系。

2）计算钼丝中心轨迹及各节点的坐标。钼丝中心轨迹如图 17–15 中的双点画线所示，相对于零件平均尺寸偏移一垂直距离 f。通过几何计算或 CAD 查询可得到各节点的坐标。

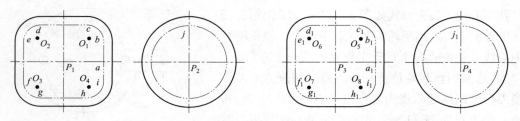

图 17–15 加工型孔 1、2、3、4 的钼丝中心轨迹

3）编写加工程序单。采用 3B 编程或 ISO 代码编程。

（3）凹模刃口加工。

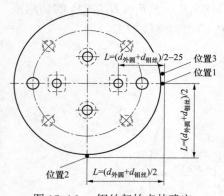

图 17–16 钼丝起始点的确定

1）钼丝起始点的确定。因 2 个方孔中心和 2 个圆孔圆心分布圆中心线与工件外圆柱面中心线有同轴度的要求，加工时必须以工件的外圆为基准，找出工件的中心位置，然后以工件的中心位置确定各型孔加工时钼丝的准确起始点。工件装夹前，需要用游标卡尺精确测量工件外圆尺寸，计为 $d_{外圆}$，装夹完毕后，以如图 17–16 所示的方法校正钼丝的起始位置。把校正垂直的钼丝靠近 X 向最高点位置 1 的位置 3 处，借助放大镜观察使钼丝尽可能靠近工件上位置 1，钼丝和工件之间的距离应小于 0.04mm，控制工作台在 X 向移动 $L=(d_{外圆}+d_{钼丝})/2$ 至位置 2，调整工作台使钼丝和工件刚好接触，再次摇动手轮，把钼丝移至位置 1 使钼丝和工件刚好接触。位置 1 和位置 2 在 Y 方向上的距离为 $L=(d_{外圆}+d_{钼丝})/2$，此时位置 1 比位置 3 更接近工件在 X 向上的最高点，用同样的方法反复操作，使位置 1 处在工件在 X 向的最高点。当钼丝处在工件 X 方向上最高点位置 1 上时，X、Y 向手轮对零，控制工作台沿 $X–$向移动 $L'=(d_{外圆}+d_{钼丝})/2-25mm$。此时，钼丝就准确定位在切割起始点 P_1 上。

2）电参数选择。

电压：70～75V；

脉冲宽度：12～20μs；脉冲间隔：6～8μs；

加工电流：1～1.5A。

3）工作液的选择。选择 DX-2 油基型乳化液，与水配比为 1:15。

项目十八

电火花机床操作工考核

任务一　电火花机床操作工实操考核一（中级）

任务：运用电火花成型机床加工如图 18–1 所示的方孔冲模，凹模尺寸为 25mm×25mm，深 10mm，工件材料为 40Cr。

1. 工艺分析

电火花加工模具一般都在淬火以后进行，毛坯上一般应先加工出预孔，如图 18–2（a）所示。

加工冲模的电极材料，一般选用铸铁或钢，这样可以采用成型磨削方法制造电极。为了简化电极的制造过程，也可采用钢电极，材料为 Cr12，电极的尺寸精度和表面粗糙度比凹模优一级。为了实现粗、中、精规准转换，电极前端进行腐蚀处理，腐蚀高度为 15mm，双边腐蚀量为 0.25mm，如图 18–2（b）所示。电火花加工前，工件和工具电极都必须经过退磁。

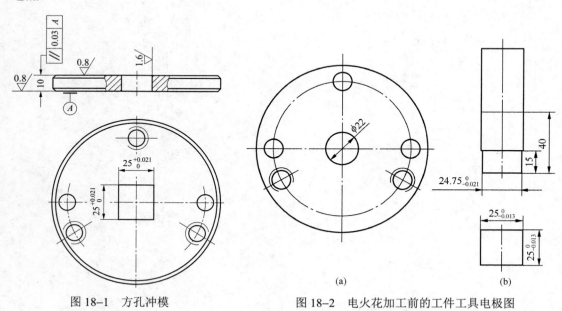

图 18–1　方孔冲模

图 18–2　电火花加工前的工件工具电极图
（a）在模具上加工预孔；（b）工具电极

2. 工艺实施

电极装夹在机床主轴头的夹具中进行精确找正，使电极对机床工作台面的垂直度小于

0.01mm/100mm。工件安装在油杯上，工件上、下端面保持与工作台面平行。加工时采用下冲油，用粗、精加工两挡规准，并采用高、低压复合脉冲电源，见表 18-1。

加工规准	脉宽/μs		电压/V		电流/A		脉间/μs	冲油压力/kPa	加工深度/mm
	高压	低压	高压	低压	高压	低压			
粗加工	12	25	250	60	1	9	30	9.8	15
精加工	7	2	200	60	0.8	1.2	25	19.6	20

表 18-1　　　　　　加 工 规 准

任务二　电火花机床操作工实操考核二（中级）

任务：用电火花成型机床上加工出如图 18-3 所示零件，材料为 45 钢，毛坯尺寸为 50mm×50mm×20mm。

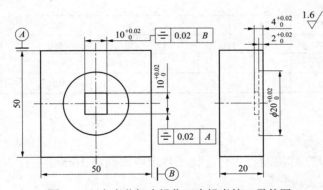

图 18-3　电火花机床操作工实操考核二零件图

一、工艺分析

选用单电极平动法进行电火花成型加工，为保证侧面棱角清晰（$R<0.3mm$），其平动量应小，取 $\delta \leqslant 0.25mm$。

二、工具电极的设计及制造

（1）电极材料选用锻造过的紫铜，以保证电极加工质量以及加工表面粗糙度。

（2）电极设计。

1）电极水平尺寸单边缩放量取 $b=0.25mm$，根据相关计算式可知，平动量 $\delta_0=0.25-\delta_{精}<0.25mm$。

2）由于电极尺寸缩放量较小，用于基本成型的粗加工电规准参数不宜太大。根据工艺数据库所存资料（或经验）可知，实际使用的粗加工参数会产生1%的电极损耗。因此，电极前端方形部分的深度应是 2×（1+1%）=2.02mm。

（3）电极制造。电极可以用机械加工的方法制造，本例用数控铣床加工电极。

三、装夹、校正电极

装夹电极，用百分表找正电极。

四、装夹并找正毛坯

用电磁吸盘装夹毛坯，用百分表找正毛坯。

五、电火花加工工艺参数确定

所选用的电规准和平动量及其转换过程见表18-2。

表 18-2 　　　　　　　　　　　　　电规准转换与平动量分配

序号	脉冲宽度/μs	脉冲电流幅值/A	平均加工电流/A	表面粗糙度 Ra/μm	单边平动量/mm	端面进给量/mm	备　　注
1	350	30	14	10	0	3.80	1. 型腔深度为4.01mm, 考虑1%损耗, 端面总进给量为4.05mm 2. 型腔加工表面粗糙度 Ra 为1.6μm 3. 用 Z 轴数控电火花成型机床加工
2	210	18	8	7	0.1	0.1	
3	130	12	6	5	0.17	0.1	
4	20	6	2	2	0.23	0.04	
5	2	1	0.5	0.6	0.25	0.01	

六、放电加工

开启工作液，让工作液浸过工件，比工件上表面高出 10mm 左右，启动火花放电，加工工件。

任务三　电火花机床操作工实操考核三（高级）

任务：用电火花成型机床加工出如图 18-4 所示的零件，材料为 45 钢，毛坯尺寸为50mm×50mm×20mm。

1. 工艺分析

选用单电极平动法进行电火花成型加工，为保证侧面棱角清晰（$R<0.3$mm），其平动量应小，取 $\delta \leq 0.25$mm。

2. 任务实施

（1）工具电极的设计及制造。

1）电极材料选用锻造过的紫铜，以保证电极加工质量以及加工表面粗糙度。

2）电极设计。

a）电极水平尺寸单边缩放量取 $b=0.25$mm，根据相关计算式可知，平动量 $\delta_0=0.25-\delta_{精}<0.25$mm。

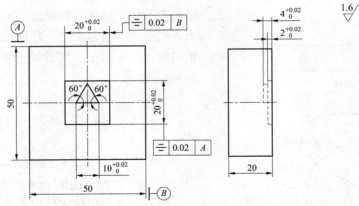

图 18-4　电火花机床操作工实操考核三零件图

b）由于电极尺寸缩放量较小，用于基本成型的粗加工电规准参数不宜太大。根据工艺数据库所存资料（或经验）可知，实际使用的粗加工参数会产生 1% 的电极损耗。因此，电极前端三角形部分的深度应是 2×（1+1%）=2.02mm。

3）电极制造。电极可以用机械加工的方法制造，本例用数控铣床加工电极。

（2）装夹、校正电极。

（3）装夹并找正毛坯。

（4）电火花加工工艺参数确定。

所选用的电规准和平动量及其转换过程见表 18-3。

表 18-3　　　　　　　　　　　　　　电规准转换与平动量分配

序号	脉冲宽度/μs	脉冲电流幅值/A	平均加工电流/A	表面粗糙度 Ra/μm	单边平动量/mm	端面进给量/mm	备　注
1	350	30	14	10	0	3.80	1. 型腔深度为 4.01mm，考虑 1% 损耗，端面总进给量为 4.05mm
2	210	18	8	7	0.1	0.1	2. 型腔加工表面粗糙度 Ra 为 1.6μm
3	130	12	6	5	0.17	0.1	3. 用 Z 轴数控电火花成型机床加工
4	20	6	2	2	0.23	0.04	
5	2	1	0.5	0.6	0.25	0.01	

（5）开启工作液，让工作液浸过工件，比工件上表面高出 10mm 左右，启动火花放电，加工工件。

任务四　电火花机床操作工实操考核四（高级）

任务：如图 18-5 所示为单孔零件图，其材料为 Cr12MoV 钢。该零件的主要尺寸：直径为 φ145mm，高度为 20mm±0.1mm。内孔直径为 φ70mm±0.05mm，2-φ6mm 孔和 4-M12 螺纹孔的中心圆直径为 φ120mm；需要电火花加工该零件的尺寸小端 R 为 3mm，大端 R 为 5mm 均布 16 槽；R3mm 至 R5mm 的中心距为 6mm；均布 16 槽的最大外圆直径为 φ108mm；

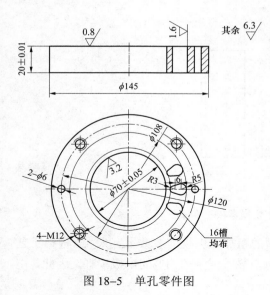

图 18-5　单孔零件图

被电火花加工的表面粗糙度 Ra 为 1.6μm，零件上表面的表面粗糙度 Ra 为 0.8μm，内孔的表面粗糙度 Ra 为 3.2μm，零件其余表面粗糙度 Ra 均为 6.3μm。

1. 加工工艺路线

（1）下料：用锯床切下一ϕ150mm×30mm 的毛坯。

（2）车床：车 ϕ145mm、 ϕ70mm±0.05mm 到尺寸，尺寸 20mm±0.1mm 留磨量。

（3）钻床：用钻床钻出 ϕ6mm 孔、M12 的螺纹底孔，为了提高加工效率及冲油效果，在 R5 的圆心处钻一个 ϕ8mm 的孔。

（4）钳工：攻螺纹。

（5）热处理：50～55HRC。

（6）磨床：磨出 Ra0.8μm 的上表面。

（7）电火花加工：小端 R 为 3mm，大端 R 为 5mm 均布 16 槽。

（8）检验。

2. 电火花加工工艺分析

由图 18-5 可知，需要电火花加工凹模的孔，这也是一个多孔加工。加工这种形式的零件方法有两种：一种是做多个电极组合成一体，对各孔同时加工；另一种是只做一个电极，对各孔依次加工，或做两个电极分别进行粗、精加工。这种加工方法需要做一个能分度的夹具，或者机床具有 C 轴功能。针对如图 18-5 所示的凹模零件，在使用中还需要凸模，凸、凹模之间需要保证一定的间隙，采用凸模直接加工凹模的方法，通过选择合适的电规准，能使凸、凹模之间得到最佳间隙。加工完成后，切除凸模损耗部分并截取适当的长度作为凸模。因此加工该零件的方法选用组合电极的方式。

3. 电火花加工步骤

（1）电极制造

1）电极材料的选择：电极材料就是凸模的材料 Crl2MoV 钢。

2）电极尺寸：电极尺寸小端为 R3mm±0.05mm，大端为 R5mm±0.05mm，两端的中心距为 6mm，电极长度为 45mm（见图 18-6）。

3）电极制造：采用成型磨削加工，电极的组合形式如图 18-7 所示。由图可以看出，电极组合质量的好坏直接影响加工质量的好坏，因此对组合电极的装配质量要提出较高的技术要求。

（2）电极的装夹与校正。在电火花加工前首先还是校正问题。对于如图 18-7 所示的组合电极，只需校正垂直关系，校正方法是将百分表固定在机床上，表的触点接触在电极上，让机床 Z 轴上下移动（此时要按下"忽略接触感知"键），将电极的垂直度调整到满足零件加工要求为止。

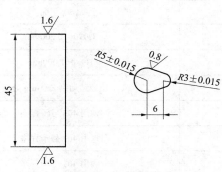

图 18-6　电极尺寸

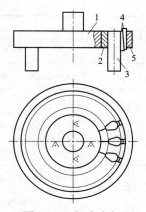

图 18-7　组合电极
1—本体；2—拼块；3—电极；4—斜销；5—外圈

（3）工件的装夹与校正。校正方法及步骤如下：

1）先将校正块插入电极中再插入工件中（见图 18-8，工件上 Ra 为 0.8μm 的表面在下，工件下面要有高度一致的垫块若干，既可方便电解液流动，也可防止电极打到电磁吸盘）。

2）取下校正块。

3）在电极底部涂上颜料，让电极接触工件。看电极的轮廓线与工件上的 ϕ8mm 孔重叠是否均匀，否则转动工件直至调整合适为止（调整得不准确也没关系，因为 ϕ8mm 孔周围有留量）。

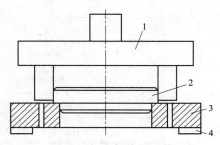

图 18-8　电极校正工件
1—组合电极；2—校正块；3—工件；4—垫块

4）重复第 1）步，检验执行了第 3）步后工件的中心是否发生变化。

工件装夹是用磁力吸盘直接将工件固定在电火花机床上，将 X、Y 方向坐标原点定在工件的中心，利用机床接触感知的功能，将 Z 方向坐标的原点定在工件的上表面上。

（4）电火花加工工艺数据。停止位置为 1.00mm，加工轴向为 $Z-$，材料组合为铜—硬质合金（该机床没有钢打钢的条件组合，可借用铜打硬质合金的条件视加工状况进行局部修改），工艺选择为低损耗，加工深度为 20.20mm，电极收缩量为 0.5mm，粗糙度为 1.6μm，投影面积为 0.2cm^2，平动方式为关闭。

（5）编制加工程序（见表 18-4）。

表 18-4　　　　　　　　　　冲 模 的 加 工 程 序

序号	程 序 内 容	说　　明
1	T84;	启动电解液泵
2	G90;	绝对坐标指令
3	G30 Z+;	按指定 Z 轴正方向抬刀

201

续表

序号	程 序 内 容	说 明
4	G17；	*XOY* 平面
5	H970=20.200；（machine depth）	H970=20.200mm
6	H980=1.000；（up-stop position）	H980=1.000mm
7	G00 Z0+H980；	快速移动到 Z=1mm 处
8	M98 P0403；	调用 403 号子程序
9	M98 P0402；	调用 402 号子程序
10	M98 P0401；	调用 401 号子程序
11	M98 P0400；	调用 400 号子程序
12	M05 G00 Z0+H980；	忽略接触感知，快速移到 Z=1mm 处
13	T85 M02；	关闭电解液泵，程序结束
14	；	
15	N0403；	403 号子程序
16	G00 Z+0.500；	快速移动到 Z=0.5mm 处
17	C403 OBT000；	关闭自由平动，按 403 号条件加工
18	G01 Z+0.095−H970；	加工到 Z=−20.105mm 处
19	M99；	子程序结束
20	；	
21	N0402；	402 号子程序
22	C402 OBT000；	关闭自由平动，按 402 号条件加工
23	G01 Z+0.060−H970；	加工到 Z=−20.14mm 处
24	M99；	子程序结束
25	；	
26	N0401；	4 号子程序 01
27	C401 OBT000；	关闭自由平动，按 401 号条件加工
28	G01 Z+0.055−H970；	加工到 Z=−20.145mm 处
29	M99；	子程序结束
30	；	
31	N0400；	400 号子程序
32	C400 OBT000；	关闭自由平动，按 400 号条件加工

序号	程　序　内　容	说　　明
33	G01 Z+0.025–H970;	加工到 Z=−20.175mm 处
34	M99;	子程序结束
35	;	

4. 检验

由电火花加工的部分用三坐标测量机检测，其他部位的尺寸用卡尺检测。

任务五　电火花机床操作工实操考核五（高级）

任务： 如图 18–9 所示为多孔零件图，其材料为 45
钢。该零件的主要尺寸长为 40mm，宽为 40mm，高度为
20mm。需要电火花加工该零件 4 个六方孔，其尺寸长为
10mm±0.03mm，宽为 8.1mm±0.03mm，深为 10mm±
0.03mm。被电火花加工的表面粗糙度 Ra 为 2μm。零件其
余表面粗糙度 Ra 均为 6.3μm。

1. 加工工艺路线

（1）下料：用气割下 48mm×48mm×25mm 板料。

（2）铣床：铣削外形尺寸，留磨量 0.2～0.3mm。

（3）钻床：在图样上的 4 个六方孔处钻直径为
ϕ8mm，深为 9.5mm 的孔。

（4）热处理：调质 180～185HB。

（5）磨床：磨削六面至图样要求，被加工表面粗糙度
Ra 为 0.8μm。

（6）火花加工：加工 4 个六方孔尺寸为图样要求。

（7）检验。

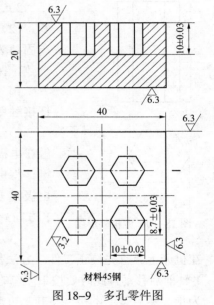

图 18–9　多孔零件图

2. 电火花加工工艺分析

由图 18–9 可知这是多孔加工。多孔加工有两种方法：一种是用组合电极同时将这几个
孔加工成功，这种方法加工效率高，缺点是要做的电极多，且电极组合质量的好坏直接影
响加工质量的好坏；另一种方法是用单电极对各孔依次加工，这种方法加工的优点是电极
制造简单，缺点是加工时间长，最后一个孔的加工质量较第一个孔差。若加工质量要求较
高，可采用两个电极，第一个电极粗加工，第二个电极精加工，可满足加工要求。当然，
若孔的数量太多，可做三个电极，分为粗加工、半精加工、精加工。也可分为第一个电极
加工哪几个孔，第二个电极加工哪几个孔，将多孔加工变为单孔或少孔加工。为了提高侧
壁的粗糙度，需选择合适的平动方式。根据本例的特点，可选择以下加工方法。

（1）采用伺服圆形平动。这种加工方法简单，缺点是六角形的角将不是尖角（圆角半

径的大小取决于平动半径的大小），对于形状要求不高的零件可采用。

（2）在程序中设置一个角一个角地去打（规定要打角的角度），这种加工方法效率相对低。

（3）多电极加工。这种方法需做多个电极，且每个电极都需校正（有自动换电极功能的机床不需校正），较麻烦。优点是各孔的加工质量较高。

本例采用单电极伺服圆形平动加工方法。

3．电火花加工步骤

（1）电极制造。

1）电极材料的选择：紫铜。

2）电极尺寸：电极尺寸为长为 9.7mm±0.03mm，宽为 8.1mm±0.03mm，电极长度约 70mm。如图 18-10 所示为电极外形图。

3）电极制造：采用电火花线切割加工。

（2）电极的装夹与校正。电极装夹与校正的目的，是把电极牢固地装夹在主轴的电极夹具上，并使电极轴线与主轴进给轴线一致，保证电极与工件的垂直和相对位置。

1）电极的装夹。将电极与夹具的安装面清洗或擦拭干净，保证接触良好。把电极牢固地装夹在主轴的电极夹具上。

2）电极校正。首先将百分表固定在机床上，百分表的触点接触在电极上，让机床 Z 轴上下移动，此时要按下"忽略接触感知"键，将电极的垂直度调整到满足零件加工要求为止，然后再校正电极 X 方向（或 Y 方向）的位置，其方法是让工作台沿 X 方向（或 Y 方向）移动，直至满足零件加工要求。

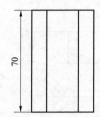

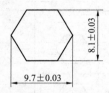

图 18-10　电极外形图

（3）工件的装夹与校正。用磁力吸盘直接将工件固定在电火花机床上。首先校正工件。方法是将百分表固定在机床主轴上，让机床 X 轴左右移动（或 Y 轴前后移动，此时要按下"忽略接触感知"键），将工件的位置调整到满足零件加工要求为止。然后装上电极调整其垂直度（此时要按下"忽略接触感知"键）及 X 方向的平行度（此电极 Y 方向不能调），调整方法同前一例，直到满足零件加工要求为止。由于电极 X 方向的尺寸较小，用百分表校正可能不够灵敏，可改用千分表校正。

利用机床找工件的角点功能，将 X、Y 方向坐标原点定在工件的左下角，利用机床接触感知功能，将 Z 方向坐标的原点定在工件的上表面，到此机床调整完毕，编好程序即可加工。

（4）电火花加工工艺数据。停止位置为 1.00mm，加工轴向为 Z-，材料组合为铜-钢，工艺选择为标准值，加工深度为 10.00mm，电极收缩量为 0.4mm，粗糙度为 2μm，投影面积为 0.65cm²，平动方式为打开（选择圆形伺服平动，平动半径为 0.2mm），型腔数为 4（各型腔坐标：X_1=12.5mm，Y_1=12.5mm；X_2=12.5mm，Y_2=27.5mm，X_3=27.5mm，Y_3=27.5mm，X_4=27.5mm，Y_4=12.5mm）。

（5）编制加工程序（见表 18-5）。

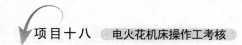

表 18-5　　　　　　　　　　　　多 孔 的 加 工 程 序

序号	程 序 内 容	说　明
1	T84；	启动电解液泵
2	G90；	绝对坐标指令
3	G30 Z+；	按指定 Z 轴正方向抬刀
4	G17；	XOY 平面
5	H970=10.200；（machine depth）	H970=10.000mm
6	H980=1.000；（up-stop position）	H980=1.000mm
7	G00 Z0+H980；	快速移动到 Z=1mm 处
8	G00 X12.500；	快速移到 X=12.5mm 处
9	M98 P0127；	调用 127 号子程序
10	M05 G00 Z0+H980；	忽略接触感知，快速移到 Z=1mm 处
11	G00 X12.500；	快速移到 X=12.5mm 处
12	G00 Y27.500；	快速移到 Y=27.5mm 处
13	M98 P0127；	调用 127 号子程序
14	M05 G00 Z0+H980；	忽略接触感知，快速移到 Z=1mm 处
15	G00 X27.500；	快速移到 X＝27.5mm 处
16	G00 Y27.500；	快速移到 Y＝27.5mm 处
17	M98 P0127；	调用 127 号子程序
18	M05G00　Z0+H980；	忽略接触感知，快速移到 Z=1mm 处
19	G00 X27.500；	快速移到 X=27.5mm 处
20	G00 Y12.500；	快速移到 Y=12.5mm 处
21	M98 P0127；	调用 127 号子程序
22	M05 G00 Z0+H980；	忽略接触感知，快速移到 Z=1mm 处
23	G00 X12.500；	快速移到 X=12.5mm 处
24	G00 Y12.500；	快速移到 Y=12.5mm 处
25	M98 P0126；	调用 126 号子程序
26	M05 G00 Z0+H980；	忽略接触感知，快速移到 Z=1mm 处
27	G00 X12.500；	快速移到 X=12.5mm 处
28	G00 Y27.500；	快速移到 Y=27.5mm 处
29	M98 P0126；	调用 126 号子程序
30	M05 G00 Z0+H980；	忽略接触感知，快速移到 Z=1mm 处
31	G00 X27.500；	快速移到 X=27.5mm 处
32	G00 Y27.500；	快速移到 Y=27.5mm 处
33	M98 P0126；	调用 126 号子程序
34	M05 G00 Z20+H980；	忽略接触感知，快速移到 Z=1mm 处
35	G00 X27.500；	快速移到 X=27.5mm 处

序号	程 序 内 容	说 明
36	G00 Y12.500;	快速移到 Y=12.5mm 处
37	M98 P0126;	调用 126 号子程序
38	M05 G00 Z0+H980;	忽略接触感知，快速移到 Z=1mm 处
39	G00 X12.500;	快速移到 X=12.5mm 处
40	G00 Y12.500;	快速移到 Y=12.5mm 处
41	M98 P0125;	调用 125 号子程序
42	M05 G00 Z0+H980;	忽略接触感知，快速移到 Z=1mm 处
43	G00 X12.500;	快速移到 X=12.5mm 处
44	G00 Y27.500;	快速移到 Y=27.5mm 处
45	M98 P0125;	调用 125 号子程序
46	M05 G00 Z0+H980;	忽略接触感知，快速移到 Z=1mm 处
47	G00 X27.500;	快速移到 X=27.5mm 处
48	G00 Y27.500;	快速移到 Y=27.5mm 处
49	M98 P0125;	调用 125 号子程序
50	N05 G00 Z0+H980;	忽略接触感知，快速移到 Z=1mm 处
51	G00 X27.500;	快速移到 X=27.5mm 处
52	G00 Y12.500;	快速移到 Y=12.5mm 处
53	M98 P0l25;	调用 125 号子程序
54	M05 G00 Z0+H980;	忽略接触感知，快速移到 Z=1mm 处
55	T85M02;	关闭电解液泵，程序结束
56	N0l27;	127 号子程序
57	G00 Z+0.500;	快速移到 Z=0.5mm 处
58	C127 OBT000;	关闭自由平动，按 127 号条件加工
59	G01 Z+0.110−H970;	加工到 Z=−9.89mm 处
60	H910=0.090;	H910=0.090mm
61	H920=0.000;	H920=0.000mm
62	M98 P9210;	调用 9210 号子程序（该程序是 XOY 平面圆形伺服平动程序，存在于机床系统中）
63	G30Z+;	按指定 Z 轴正方向抬刀
64	M99;	子程序结束
65	;	
66	N0126;	126 号子程序
67	C126 OBT000;	关闭自由平动，按 126 号条件加工
68	G01Z+0.070−H970;	加工到 Z=−9.93mm 处
69	H910=0.144;	H910=0.444mm

序号	程　序　内　容	说　　明
70	H920=0.000;	H920=0.000mm
71	M98 P9210;	调用 9210 号子程序
72	G30 Z+;	按指定 Z 轴正方向抬刀
73	M99;	子程序结束
74	N0125;	125 号子程序
75	C125 OBT000;	关闭自由平动，按 125 号条件加工
76	G01 Z+0.027−H970;	加工到 Z=−9.973mm 处
77	H910=0.172;	H910=0.172
78	H920=0.000;	H920=0.000mm
79	M98 P9210;	调用 9210 号子程序
80	G30 Z+;	按指定 Z 轴正方向抬刀
81	M99;	子程序结束

（6）电规准选择。根据程序中的条件号自动生成电规准数据。

参 考 文 献

1. 周燕清等. 数控电加工编程与操作［M］. 北京：化学工业出版社，2012.

2. 罗学科，李跃中. 数控电加工机床［M］. 北京：化学工业出版社，2010.

3. 宋昌才. 数控电火花加工培训教程［M］. 北京：化学工业出版社，2008.

4. 赵万生等. 实用电加工技术［M］. 北京：机械工业出版社，2009.

5. 李忠文. 电火花机和线切割机编程与机电控制［M］. 北京：化学工业出版社，2008.

6. 张学仁等. 低速走丝数控电火花线切割机床的应用［M］. 哈尔滨：哈尔滨工业大学出版社，2010.

7. 乐崇年等. 数控线切割机床编程与加工技术［M］. 北京：清华大学出版社，2009.

8. 苑海燕等. 高速走丝线切割机床操作与实例［M］. 北京：国防工业出版社，2010.

9. 周湛学等. 数控电火花加工［M］. 北京：化学工业出版社，2008.

10. 刘哲. 电火花加工技术［M］. 北京：国防工业出版社，2010.

11. 徐维雄. 放电加工［M］. 福州：福建科学技术出版社，2010.

12. 周晖. 数控电火花加工工艺与技巧［M］. 北京：化学工业出版社，2008.

13. 伍端阳. 数控电火花线切割加工技术培训教程［M］. 北京：化学工业出版社，2008.

14. 马名峻等. 电火花加工技术在模具制造中的应用［M］. 北京：化学工业出版社，2010.

15. 赵万生. 电火花加工技术培训自学教材［M］. 哈尔滨：哈尔滨工业大学出版社，2000.

16. 曹凤国. 电火花加工技术［M］. 北京：化学工业出版社，2010.

17. 陈泰兴. 模具设计与制造专业习题集［M］. 北京：机械工业出版社，2009.

18. 陈前亮. 数控线切割操作工技能鉴定考核培训教程［M］. 北京：机械工业出版社，2010.

19. 伍端阳. 数控电火花加工实用技术［M］. 北京：机械工业出版社，2007.